AF353264

Notes / Ex

Questo libro è protetto da copyright

Informazioni legali

© 2023
Autore ed editore: M.Eng. Johannes Wild
A94689H39927F
E-mail: 3dtech@gmx.de

L'impronta completa del libro si trova nelle ultime pagine!

Questo lavoro è protetto da copyright

L'opera, comprese le sue parti, è protetta da copyright. Qualsiasi uso al di fuori degli stretti limiti della legge sul copyright non è permesso senza il consenso dell'autore. Questo si applica in particolare alla riproduzione elettronica o di altro tipo, alla traduzione, alla distribuzione e alla messa a disposizione del pubblico. Nessuna parte del lavoro può essere riprodotta, elaborata o distribuita senza il permesso scritto dell'autore!

Tutte le informazioni contenute in questo libro sono state compilate al meglio delle nostre conoscenze e accuratamente controllate. Tuttavia, l'editore e l'autore non garantiscono l'attualità, l'accuratezza, la completezza e la qualità delle informazioni fornite. Questo libro è solo a scopo educativo e non costituisce una raccomandazione di azione. L'uso di questo libro e l'implementazione delle informazioni in esso contenute è espressamente a rischio dell'utente. In particolare, nessuna garanzia o responsabilità viene data per danni di natura materiale o immateriale da parte dell'autore e dell'editore per l'uso o il non uso delle informazioni in questo libro. Questo libro non pretende di essere completo o privo di errori. Le rivendicazioni legali e le richieste di risarcimento danni sono escluse. Gli operatori dei rispettivi siti web sono esclusivamente responsabili dei contenuti dei siti web stampati in questo libro. L'editore e l'autore non hanno alcuna influenza sul design e sui contenuti dei siti internet di terzi. L'editore e l'autore prendono quindi le distanze da tutti i contenuti esterni. Al momento dell'uso, nessun contenuto illegale era presente sui siti web. I marchi e i nomi comuni citati in questo libro rimangono di proprietà esclusiva del rispettivo autore o titolare dei diritti.

Indice

Informazioni legali 1

Indice...2

Premessa..5

1 Nozioni di base: Consigli per buona stampa 3D 6

2 Directory per una facile risoluzione dei problemi 8

3 Componenti della stampante 3D FDM e parti sensibili 11

4 La base: Guida al livellamento...14

5 Problemi generali con il letto di stampa 16

5.1 Il letto di stampa non raggiunge la temperatura 16

5.2 Il letto di stampa non può essere livellato a sufficienza 17

6 Problemi generali con la "Hot-End"....................................18

6.1 La "Hot-End" non riscalda 18

6.2 L'ugello è ostruito.. 19

7 Ogni inizio è difficile: Difficoltà di partenza 20

7.1 La stampante 3D o il processo di stampa non si avvia 20

7.2 La stampante 3D non estrude il filamento all'avvio della stampa 21

7.3 Scarsa adesione al letto di stampa 22

8 Problemi con il filamento..24

8.1 Il filamento non viene estruso in continuo 24

8.2 Il filamento è fragile / si rompe durante la stampa......................... 26

8.3 Filamento "Grinding / Stripping / Crushing"......................................27

9 Particolari modelli di errore durante il processo di stampa 29

9.1 "Under-Extrusion" 29

9.2 "Over-Extrusion" 31

9.3 "Curling" 32

9.4 "Stringing" o "Oozing" 33

9.5 "Blobs" e "Zits" 35

9.6 "Pillowing" 37

9.7 "Vibrations" & "Ringing" ("Ghosting")..39

9.8 "Warping" 41

9.9 "Piede di elefante" 43

9.10 "z-axis wobble" 44

9.11 Distanze di strato ("Layer Cracking / Separation / Splitting") 45

9.12 Gli strati sono spostati ("Layer Shifting") 46

9.13 Strati mancanti 47

9.14 Le pareti laterali non sono lisce..49

9.15 Ugello ostruito...51

9.16 Graffi sulla stampa (lato superiore/inferiore) 53

9.17 La stampante 3D rovescia le parti 55

9.18 Pessimo a colmare le lacune (colmando) 56

9.19 La stampa 3D non può essere rimossa dal letto di stampa 57

9.20 Spazi tra il riempimento e le pareti esterne.................................... 59

9.21 La stampante 3D si ferma durante la stampa o ad una specifica altezza di stampa.. 60

9.22 La cucitura a z è molto visibile 62

10 Problemi di geometria 63

10.1 Scostamenti dimensionali dalla stampa al modello CAD................ 63

10.2 I cerchi sono stampati ovali.. 65

10.3 Gli elementi sottili non vengono stampati...................................... 66

11 Problemi con il riempimento..67

11.1 Cattivo riempimento 67

11.2 Il riempimento dell'oggetto è visibile dall'esterno......................... 68

12 Problemi con la struttura di supporto 69

12.1 La struttura di supporto non può essere rimossa 69

12.2 Scarsa qualità nel settore delle strutture di supporto 70

12.3 Le sporgenze non sono supportate / la struttura di supporto è di qualità molto scarsa 71

13 La Quintessenza - Stampa 3D di alta qualità 73

14 Materiale bonus: Profilo di affettatura per Cura....................75

Premessa

Grazie mille, per aver scelto questo libro!

Come ingegnere e appassionato di stampa 3D, sono pienamente consapevole di tutte le insidie che possono verificarsi nella stampa 3D. La stampa 3D è un processo che bisogna imparare. Per esempio, la stampante 3D può inizialmente produrre una varietà di oggetti antiestetici.

Questo può rapidamente spingervi alla disperazione e privarvi della gioia di questa ingegnosa tecnologia. Soprattutto se gli scarsi risultati di stampa non si limitano all'inizio della stampa 3D, o si ripetono in continuazione, o se non si dispone di una soluzione adeguata per migliorare la qualità di stampa.

Ora è tutto finito! Questo libro è stato creato per tutti coloro che cercano una raccolta di tutti gli errori di stampa 3D sotto forma di un manuale compatto. Nelle pagine seguenti troverete una sezione con la descrizione del modello di errore, una sezione sulle possibili cause e naturalmente una sezione con i passi concreti per risolvere il problema. Numerose immagini vi aiutano nella risoluzione dei problemi e supportano il contenuto del libro!

Questo documento è progettato sia per i principianti che per gli utenti avanzati della stampa 3D.

Con questo libro, possono acquisire una solida base nella risoluzione dei problemi di stampa 3D e imparare tutto ciò che devono sapere per:

a)   evitare errori di stampa 3D fin dall'inizio,
b)   classificare i difetti di stampa 3D,
c)   comprendere le cause,
d)   e adottare un approccio adeguato alla risoluzione dei problemi.

Basta con le parole, passiamo ai fatti!

1 Nozioni di base: Consigli per buona stampa 3D

Prima di iniziare una stampa, è necessario assicurarsi che le seguenti basi siano state prese sufficientemente in considerazione:

a) **La piattaforma di stampa è livellata:**
Il livellamento della piattaforma di stampa è uno dei processi più fondamentali nella stampa 3D. Se la distanza tra l'ugello e il letto di stampa non è corretta (troppo grande / troppo piccolo) l'oggetto stampato non aderisce. Nel capitolo 4 troverete una guida al livellamento che spiega il corretto processo di livellamento.

b) **Le viti sono serrate / le cinghie sono tese:**
Controllare che tutte le viti della stampante 3D siano sufficientemente strette e che tutte le cinghie di trasmissione siano sufficientemente strette, perché anche le irregolarità meccaniche possono portare ad errori di stampa.

c) **Sito di installazione solido:**
La stampante 3D deve essere posizionata su una piattaforma solida e antivibrazioni, come un solido banco di lavoro o un telaio in alluminio. In caso contrario, le vibrazioni possono accumularsi ed essere trasmesse alla testina di stampa, il che può avere un effetto negativo sul risultato di stampa.

d) **Variabili dell'ambiente:**
Azionare la stampante 3D in una stanza con una temperatura costante nell'intervallo di 20-23 gradi Celsius e bassa umidità (fino a circa il 40%).
Il filamento aperto deve essere conservato in una scatola chiusa con materiale che assorbe l'umidità (ad es. gel di silice). La stanza dovrebbe anche essere il più possibile libera da polvere, olio e altre sostanze (garage: piuttosto inadatto).

e) **Temperatura del letto di stampa e dell'ugello:**
Selezionare una temperatura per il letto e l'ugello che corrisponda al filamento. Questo è solitamente specificato dal produttore del filamento e si trova sulla confezione. Stampare una "Temperature Tower" (thingiverse.com) per trovare la temperatura di stampa ottimale.

f) **Velocità di stampa:**
Stampa a velocità lenta (ad esempio: 60-100 mm/s). Questo vi darà una qualità di stampa molto migliore.

Istruzioni di sicurezza per la stampa 3D:

Figura 1: Istruzioni di sicurezza per la stampa 3D

Per fondere il filamento, l'ugello deve riscaldare fino a circa 200° C. Anche il letto si riscalda fino a circa 60°C. C'è quindi un alto rischio di ustioni, soprattutto all'ugello. Non toccare le parti in movimento quando la stampante è in funzione; c'è pericolo di schiacciamento. Trovare un posto adatto per installare la stampante 3D, idealmente in una stanza un po' chiusa, poiché la stampante genera un certo rumore e possono essere prodotti dei vapori (pericolosi per la salute, ad esempio con l'ABS). Assicurarsi inoltre che i bambini e gli animali domestici non abbiano accesso alla stampante 3D. È anche una buona idea soffermarsi per qualche minuto all'inizio della stampa per vedere se tutte le procedure vengono eseguite correttamente, così come per controllare la stampante 3D o installare una telecamera per il monitoraggio remoto una volta ogni tanto durante il processo di stampa.

Prima di trattare le errori specifici, nei capitoli successivi troverete prima di tutto un elenco con illustrazioni e riferimenti ai capitoli per una facile identificazione di un errore di stampa (confrontate / cercate gli errori di stampa e cercate i riferimenti ai capitoli). Inoltre, troverete un capitolo sui componenti generali e le parti critiche di una stampante 3D FDM e una guida al livellamento!

2 Directory per una facile risoluzione dei problemi

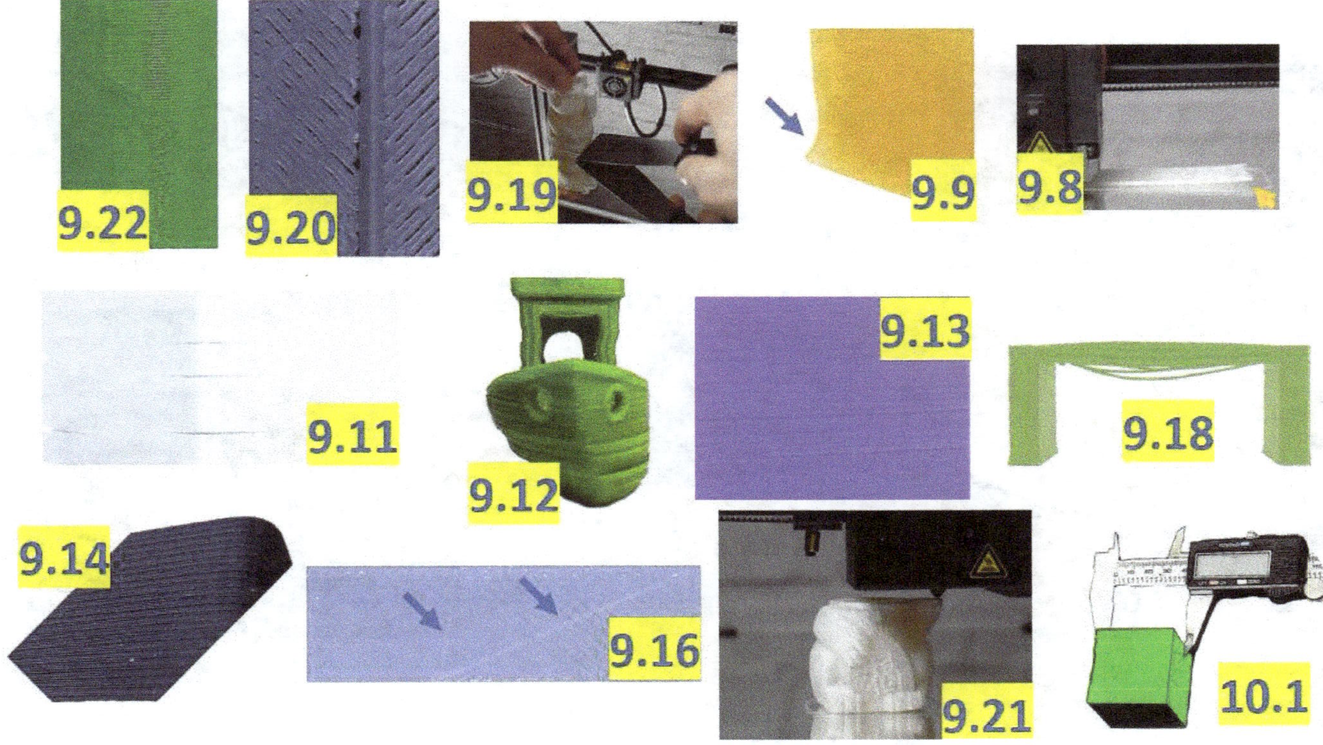

9.22
9.20
9.19
9.9
9.8
9.11
9.12
9.13
9.18
9.14
9.16
9.21
10.1

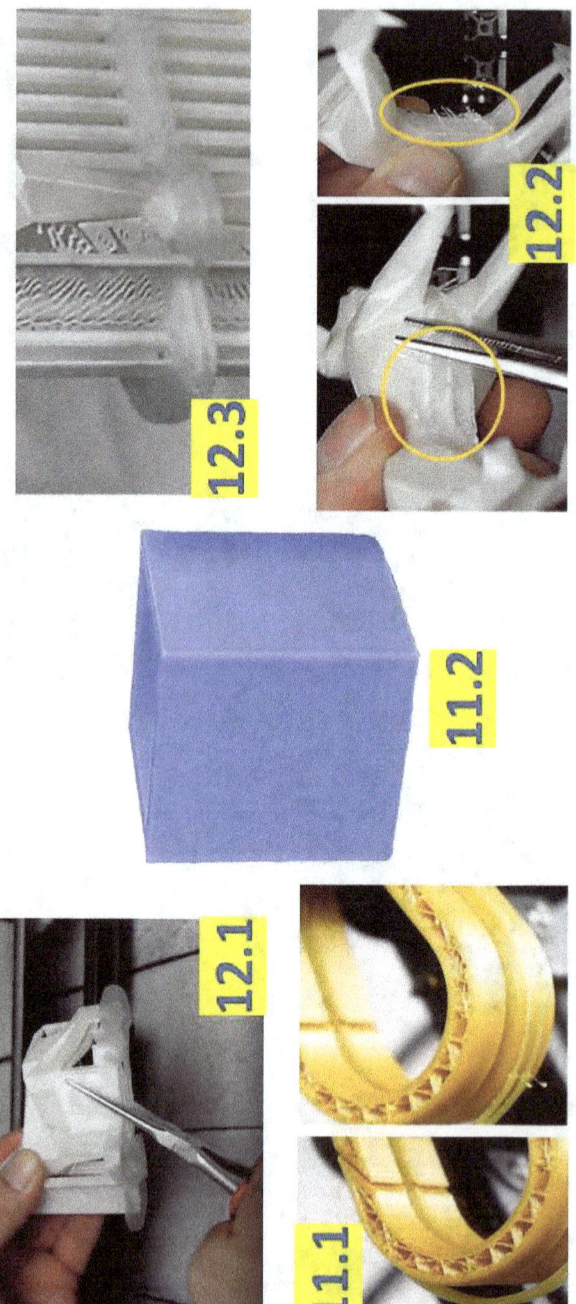

3 Componenti della stampante 3D FDM e parti sensibili

Una stampante 3D FDM è composta dai seguenti elementi di base:

i. Telaio per il fissaggio dei componenti,
ii. Piattaforma di stampa (o letto di stampa) con elemento riscaldante (opzionale) e possibilità di regolazione dell'altezza,
iii. Motori con elementi di azionamento: puleggia / cinghia,
iv. Estrusore per l'alimentazione del filamento,
v. Asse(i) z motorizzato(i),
vi. "Hot-End" con ugello e ventilatori,
vii. Elettronica con controllore e alimentazione.

Opzionale: Sensore di filamento (arresta la stampante se l'alimentazione del filamento è difettosa), Auto-Bed-Leveling Sensor (livellamento automatico del letto di stampa), piattaforma di stampa continua (o come qui uno specchio).

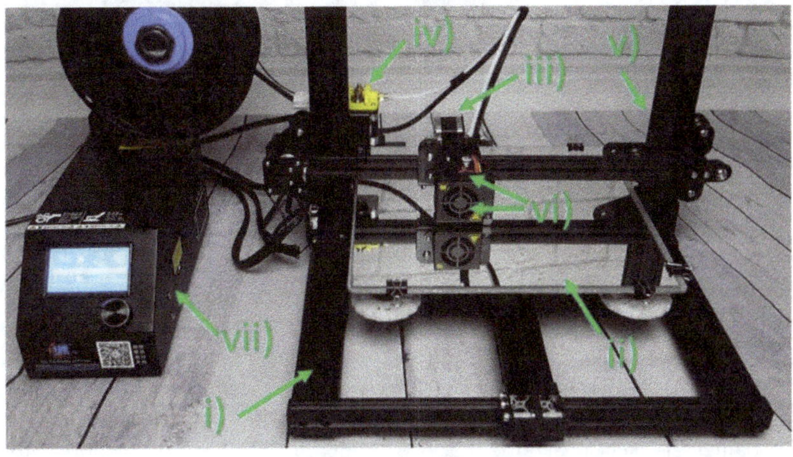

Figura 2: Componenti di una stampante 3D FDM (CR-10 di Creality)

Componenti soggetti a errori:

Dal punto di vista meccanico, la rigidità complessiva del telaio di stampa 3D (connessioni meccaniche), gli elementi di azionamento (cinghie), gli elementi di guida (cuscinetti a sfera / pulegge) e l'asse(i) "z" sono particolarmente critici per la qualità di stampa ottenibile. In questo caso, si dovrebbe scegliere una stampante con un telaio rigido (se necessario, si dovrebbero applicare irrigidimenti trasversali), tutte le cinghie di trasmissione dovrebbero essere sufficientemente tese, si dovrebbero controllare i collegamenti meccanici e gli elementi di guida dovrebbero essere controllati per verificarne la scorrevolezza e le tolleranze sufficienti ma ridotte.

Altri componenti critici sono gli elementi riscaldanti, come la "Hot-End" e l'elemento riscaldante per il letto di stampa, nonché il loro regolatore PID. Questi elementi dovrebbero essere in grado di fornire una potenza di riscaldamento il più possibile costante. Fluttuazioni troppo elevate possono portare a problemi, soprattutto nella "Hot-End" e dell'ugello. Nella maggior parte dei casi, tuttavia, questo circuito di controllo (PID) funziona in modo affidabile.

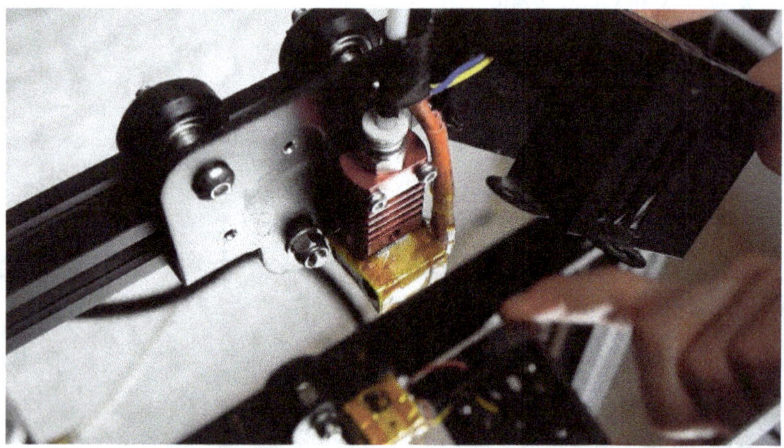

Figura 3: "Hot end" di una stampante 3D (CR-10)

La principale causa di errore nella stampa 3D (anche accanto a un letto di stampa mal livellato - in effetti, questo è uno dei maggiori fallimenti dei principianti della stampa 3D) si trova nel regno del software di stampa 3D e del processo di affettatura. Quindi la scelta delle impostazioni di affettatura ha un impatto fondamentale sulla qualità dell'oggetto stampato. Pertanto, i seguenti capitoli forniscono consigli e raccomandazioni esplicite sulle impostazioni di affettatura. Il software di affettatura consigliato è il programma "Cura" di Ultimamaker, che può essere scaricato gratuitamente da Internet. Si raccomanda l'uso di uno specchio come piattaforma di stampa. Gli specchi devono essere resi relativamente planari per evitare immagini distorte e sono quindi una piattaforma ideale (rapporto qualità-prezzo) per la stampa 3D. Con uno specchio, l'adesione dell'oggetto è incredibilmente buona anche senza aiuto. Con la stampa 3D al di sotto dei 500 €, i produttori a volte tagliano gli angoli sulla precisione di produzione di elementi come la piattaforma di stampa (lastra di alluminio o di vetro), che può causare l'abbassamento della piattaforma, soprattutto nella zona centrale, cosicché anche il livellamento più accurato della piattaforma di stampa non avrà successo.

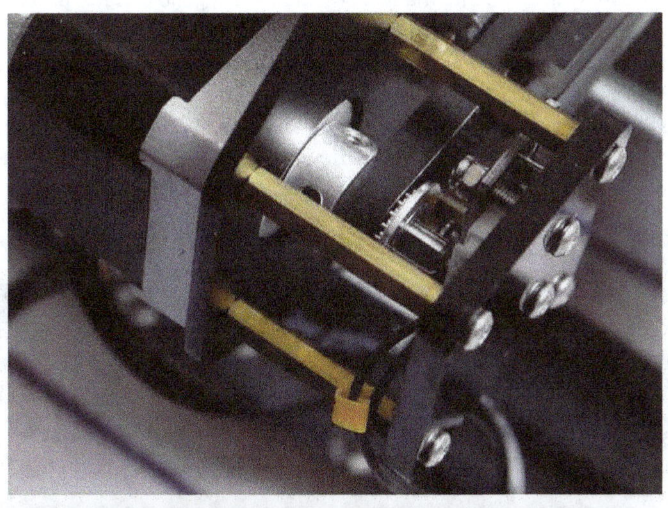

Figura 4: Motori con puleggia, rullo di guida e cinghia di trasmissione

4 La base: Guida al livellamento

Per il processo di livellamento manuale riscaldiamo l'ugello e il letto di stampa alla temperatura desiderata tramite il menu della stampante 3D (ugello: 210° Celsius; letto di stampa: 60° Celsius). Assicuratevi di livellare in questo stato caldo, poiché i materiali si espandono sotto l'influenza del calore. Selezionate quindi la voce "Home Position" nel menu della stampante alla voce "Prepare" (esempio: CR-10). La stampante si sposta ora in una posizione di partenza definita. In questo caso all'angolo anteriore sinistro del letto di stampa.

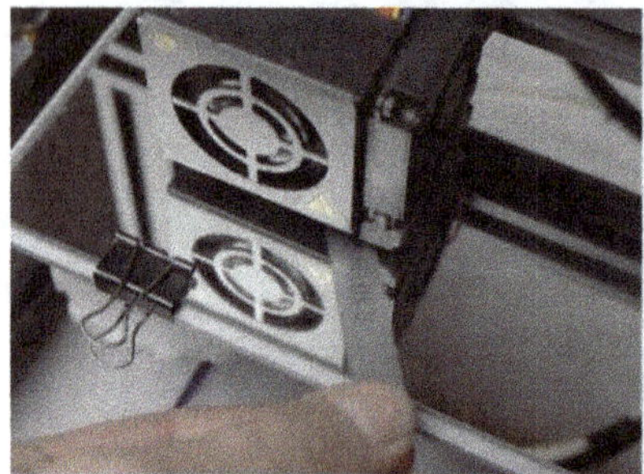

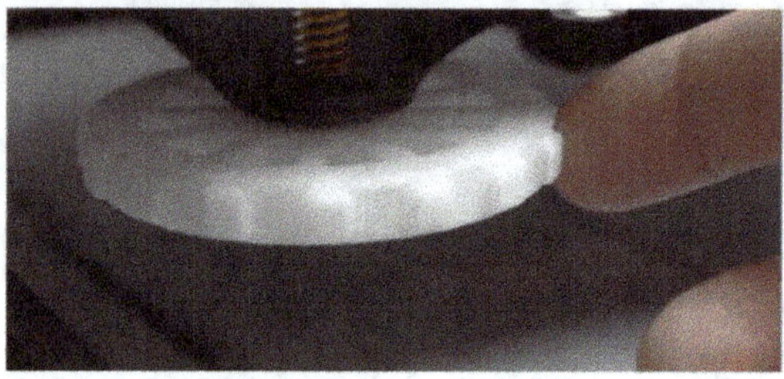

Figura 5: Livellare il letto di stampa utilizzando un distanziometro o un foglio di carta

Il processo di livellamento funziona al meglio con un calibro di distanza di 0,1 o 0,2 mm. Se non ne avete uno a portata di mano, in alternativa potete usare un pezzo di carta. Guidare il distanziometro o il foglio tra l'ugello e il letto di stampa per controllare la distanza. Lo spessimetro dovrebbe stare proprio tra l'ugello e il letto di stampa, con un foglio si dovrebbe sentire un leggero (!) rumore di raschiamento. Se la distanza è troppo grande o troppo piccola, regolare la distanza con le rotelle di regolazione del letto di stampa.

Eseguire la procedura in tutti e quattro gli angoli e poi ripetere questa procedura una o due volte (fino a quando non ci si sente sicuri che la distanza è relativamente identica in tutti i punti). Se si utilizza un foglio di carta, assicurarsi che il foglio possa essere spostato solo leggermente. Allora la distanza è giusta.

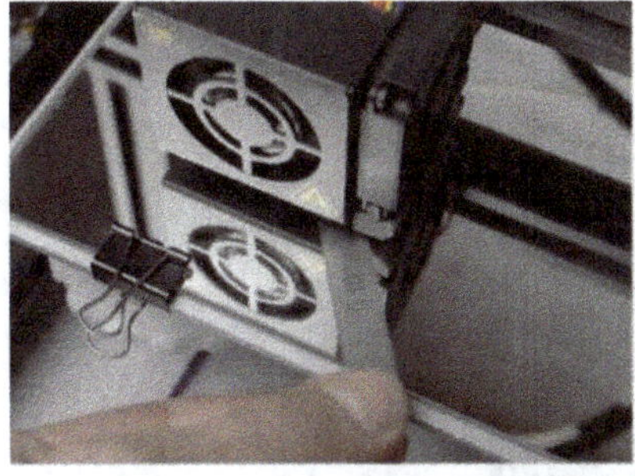 

Figura 6: È indispensabile livellare il letto in più punti e in tutti gli angoli

Se la prima stampa non si attacca, si consiglia di ridurre leggermente la distanza tra l'ugello e il letto. Una distanza troppo grande tra l'ugello e il letto è uno degli errori più comuni dei principianti. D'altra parte, l'ugello non deve mai trascinare sul letto di stampa quando la testina di stampa è in movimento! Nel peggiore dei casi, questo può danneggiare il letto di stampa, l'ugello di stampa o l'intera stampante 3D.

I modelli di stampante 3D più recenti - a seconda del modello - spesso dispongono già di un sensore per la regolazione automatica della distanza dall'ugello al letto di stampa. Anche in questo caso, tuttavia, è consigliabile effettuare un livellamento manuale durante la prima messa in servizio per ottenere una superficie di partenza ben preparata.

Per le stampanti senza sensore, come la prima CR-10, una calibrazione del letto di stampa deve essere ripetuta regolarmente dopo 10 - 20 cicli di stampa o in caso di altre incongruenze o scarsa adesione. Per le stampanti con sensori, come la CR-10s Pro, questo processo **manuale** non è generalmente più necessario.

5 Problemi generali con il letto di stampa

5.1 Il letto di stampa non raggiunge la temperatura

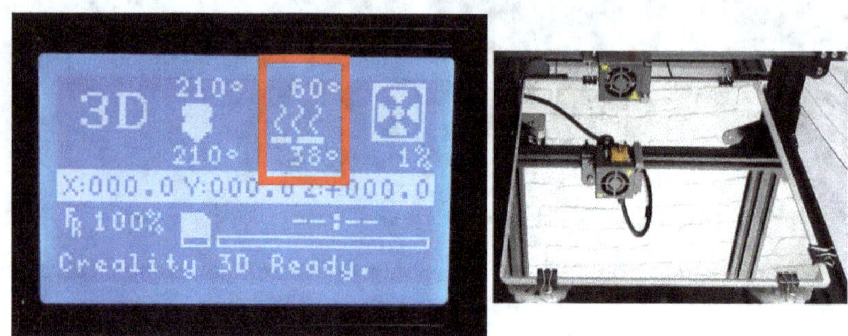

Figura 7: Il letto non raggiunge la temperatura desiderata

Problema:

Il letto di stampa rimane freddo o non raggiunge la temperatura necessaria.

Causa:

i. Il cavo del letto o la spina di collegamento ha un'interruzione di linea / contatto allentato

ii. Il "gcode" è stato creato senza impostazioni per la temperatura del letto di stampa

iii. Il regolatore PID della stampante 3D è difettoso (loop fault)

iv. Temperatura ambiente molto fredda; la stampante impiega molto tempo a riscaldarsi / non raggiunge la temperatura finale necessaria

Soluzione:

i. Sostituire il cavo del letto del riscaldatore e verificare la continuità dei collegamenti con un multimetro

ii. Memorizzare una temperatura del letto di stampa nelle impostazioni di affettatura

iii. Sostituire o hanno sostituito il controllore PID

iv. Utilizzare un alloggiamento per stampante 3D e/o stampare in una stanza con almeno 20-23° Celsius

5.2 Il letto di stampa non può essere livellato a sufficienza

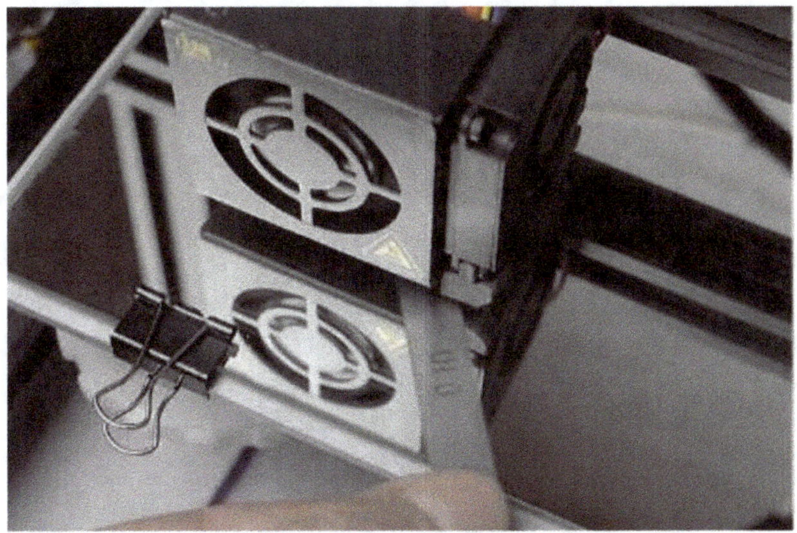

Figura 8: Il livellamento del letto di stampa non riesce

Problema:

Il letto non diventa abbastanza piatto nonostante i ripetuti livellamenti; la distanza tra l'ugello e il letto non è corretta in alcuni punti.

Causa:

i.   La piattaforma non è fabbricata in piano
ii.   La piattaforma pende attraverso al centro
iii. Gli assi della stampante 3D non sono sufficientemente allineati parallelamente al letto di stampa

Soluzione:

i.   Sostituire la piattaforma / utilizzare uno specchio
ii.   Montare una piccola piattaforma di sollevamento regolabile sotto il centro del letto di stampa
iii. Controllare il corretto montaggio e l'allineamento degli assi della stampante 3D

6 Problemi generali con la "Hot-End"

6.1 La "Hot-End" non riscalda

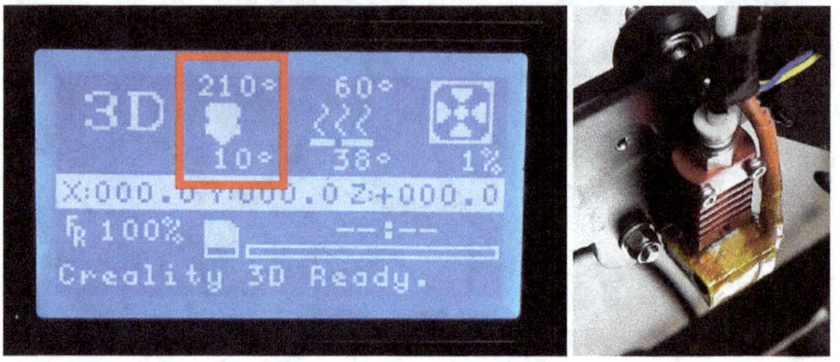

Figura 9: L'ugello non raggiunge la temperatura richiesta

Problema:

La "Hot-End" rimane fredda o non raggiunge la temperatura desiderata.

Causa:

i. Un'interruzione di linea nella zona della "Hot-End" / un contatto allentato delle spine di collegamento

ii. Il "gcode" è stato creato in modo errato

iii. Il regolatore PID della stampante 3D è difettoso (loop fault)

iv. C'è una temperatura ambiente molto fredda; la stampante impiega molto tempo a riscaldarsi

v. Se l'"Hot end" non raggiunge la temperatura finale: I ventilatori sono impostati troppo in alto

Soluzione:

i. Controllare la continuità di tutti i cavi e connettori con un multimetro

ii. Modifica delle impostazioni di affettatura

iii. Far sostituire o scambiare il regolatore PID

iv. Utilizzare un alloggiamento per la stampante 3D e/o stampare in una stanza con almeno 20-23° Celsius

v. Ridurre la velocità della ventola (impostazioni di affettatura) o non avviare fino a dopo l'avvio della stampa

6.2 L'ugello è ostruito

Figura 10: L'ugello della stampante 3D è ostruito

Problema:

L'ugello della stampante 3D emette poco o nulla materiale. Si possono sentire rumori di click dall'estrusore.

Causa:

i. Ci sono residui di filamento nell'ugello
ii. Una velocità di avanzamento troppo veloce e un conseguente effetto di compattazione / inceppamento del materiale
iii. L'uscita dell'ugello è ristretta (usura / deformazione dovuta a danni meccanici)
iv. La temperatura di stampa è troppo bassa → Il filamento non è correttamente fuso

Soluzione:

i. Riscaldare manualmente l'ugello a circa 250° Celsius e pulirlo con un ago per agopuntura o un pezzo di filo metallico (Attenzione: pericolo di ustioni!)
ii. Ridurre la velocità di avanzamento nelle impostazioni di affettatura
iii. Sostituire completamente l'ugello se i depositi/blocchi sono troppo forti e/o l'ugello è troppo usurato
iv. Utilizzare una temperatura di stampa adeguata (produttore del filamento)

7 Ogni inizio è difficile: Difficoltà di partenza

7.1 La stampante 3D o il processo di stampa non si avvia

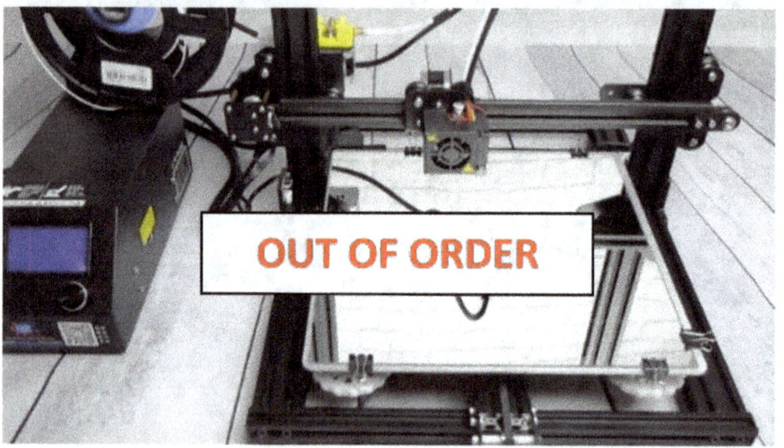

Figura 11: La stampante 3D non inizia a stampare

Descrizione:

La stampante 3D si rifiuta di funzionare e non si avvia. La testina di stampa non si muove, né il filamento è estruso. Tuttavia, può verificarsi il riscaldamento del letto dell'ugello/stampa.

Cause e soluzioni possibili:

Informazioni di base: *Controllare che la stampante sia collegata alla rete elettrica e che tutti i connettori e i cavi siano intatti. Controlla anche se ci sono contatti allentati.*

i. Quindi controllare prima il nome del file dell'oggetto di stampa. Se contiene una dieresi ("ä", "ö", ...) o altri caratteri speciali (€, &, ...), alcune stampanti potrebbero rifiutarsi di stampare il file. Nome dell'oggetto senza dieresi / caratteri speciali

ii. Se la stampante non raggiunge la temperatura impostata, non si avvia nemmeno (vedi sezioni 5.1 e 6.1)

iii. Controllare se c'è abbastanza filamento (un messaggio di errore del sensore di filamento può impedire la stampa)

iv. Utilizzare una scheda SD alternativa o altri mezzi di collegamento al PC per evitare guasti della scheda / problemi di lettura o problemi di collegamento

7.2 La stampante 3D non estrude il filamento all'avvio della stampa

Figura 12: Nessun filamento esce dall'ugello della stampante 3D

Descrizione:

Nessun filamento esce dall'ugello. Tuttavia, la stampante avvia il processo di stampa come di consueto dopo il processo di riscaldamento. Ciò significa che la testina di stampa esegue i movimenti di stampa e le ventole ruotano.

Cause e soluzioni possibili:

Informazioni di base: Controllare che ci sia abbastanza filamento e che sia inserito correttamente e che raggiunga la testina di stampa.

i.   Date un'occhiata al motore dell'estrusore, che è responsabile del trasporto del filamento. Funziona? E il filamento è sufficientemente "afferrato" e "trasportato"? Forse c'è un problema. **Si prega di notare anche il punto "ii."**

ii.   Se il filamento non può essere trasportato ulteriormente dal motore passo-passo, ciò può essere dovuto a problemi meccanici nell'area dell'estrusore o ad un ugello ostruito. Si prega di leggere i capitoli 6.2 e 9.15

iii.   Controllare tutte le altre aree attraverso le quali passa il filamento o dove possono esserci punti stretti (ad esempio il tubo Bowden e i suoi punti di collegamento; Hot-End) o se si è formato un nodo nell'avvolgitore del filamento

7.3 Scarsa adesione al letto di stampa

Figura 13: L'oggetto stampato o il primo strato non aderisce

Descrizione:

La stampa 3D non aderisce al letto di stampa. Questo problema può verificarsi sia nel primo strato che nei successivi, ad es. al 50% di avanzamento della stampa.

Cause e soluzioni possibili:

Informazioni di base: *Pulire il letto di stampa utilizzando alcool isopropilico o un detergente per parti.*

i. La causa più probabile è un letto non correttamente livellato. Controllare la distanza tra l'ugello di stampa e il letto di stampa in più punti utilizzando un pezzo di carta (vedi anche il capitolo 4). Se la carta può essere spostata molto facilmente e silenziosamente, la distanza è troppo grande. Eseguire nuovamente il processo di livellamento e ridurre leggermente la distanza. Se la distanza è corretta agli angoli, ma non al centro o ai lati, il letto di stampa probabilmente non è abbastanza piatto

ii. Substrato sbagliato: se possibile, utilizzare uno specchio (ad alta aderenza) o una base permanente, come ad esempio "BuildTak". È anche possibile mascherare il letto di stampa con nastro adesivo o lacca per capelli per una migliore adesione. Evitatelo se possibile (sforzo di pulizia molto elevato dopo ogni processo di stampa)

iii. Il letto di stampa non è riscaldato o la temperatura è troppo bassa / troppo alta. Utilizzare un letto riscaldato nel campo di 60° Celsius (seguire le istruzioni del produttore del filamento)

iv. La temperatura di stampa del filamento è troppo bassa. Utilizzare una temperatura di stampa adeguata (come specificato dal produttore) e controllare che la stampante 3D mantenga questa temperatura. Ridurre la potenza delle ventilatori durante il primo strato di stampa

v. Controllare la velocità di stampa dei primi strati. Stampa ad una velocità inferiore (max. 30-50 mm/s)

vi. Assicurarsi che nel primo strato venga estruso materiale a sufficienza. Date un'occhiata all'ugello e controllate che il materiale fluisca continuamente dall'inizio (vedi i capitoli 8.1 e 9.1)

vii. Utilizzare il tipo di aderenza per il letto di stampa: "Brim" o "Raft" come ulteriore aiuto per migliorare l'area di contatto (soprattutto per le piccole aree). Se necessario, utilizzare anche la funzione "Skirt". Queste impostazioni vengono effettuate nel software di affettatura

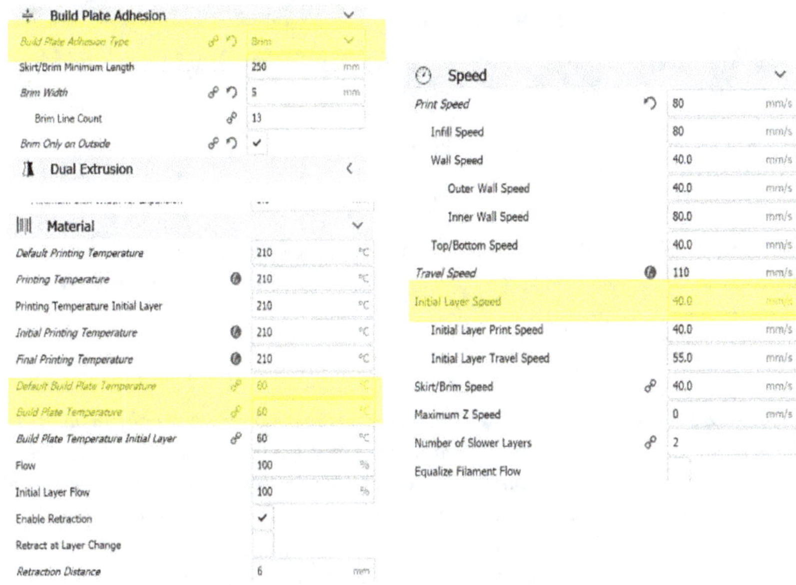

Figura 14: Impostazioni del modello per i parametri di affettatura

8 Problemi con il filamento

8.1 Il filamento non viene estruso in continuo

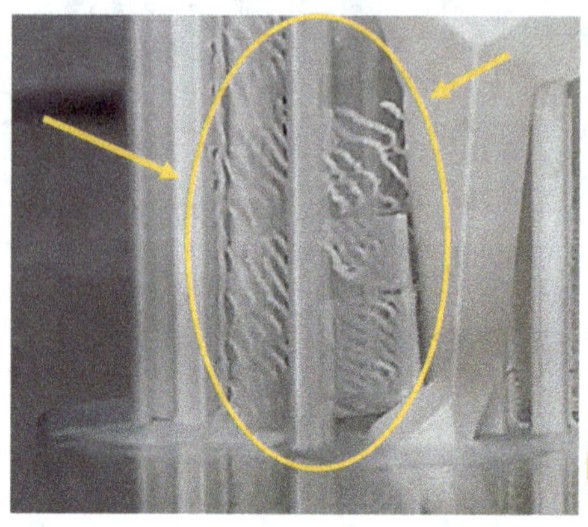

Figura 15: Il filamento non viene estruso in continuo

Descrizione:

Durante il processo di stampa una quantità sufficiente di filamento non viene estruso in continuo. Nell'oggetto stampato mostrano lacune o mancanza di materiale. Vedi il capitolo 9.1.

Cause e soluzioni possibili:

Informazioni di base: Non lesinare sul filamento. Se il filamento è molto economico o proviene da un produttore relativamente sconosciuto, la qualità del filamento può essere la causa del problema. In questo caso, la tolleranza del diametro del filamento è il fattore più importante. Se la tolleranza è alta (≥ ± 0,05 mm), è possibile che in alcuni punti ci sia troppo poco materiale.
(raccomandazione: filamento di "Sunlu" o "Tianse").

i. Assicurarsi di non avere a che fare con un ugello bloccato (vedi capitoli 6.2 & 9.15)

ii. Controllare che l'alimentazione del filamento funzioni senza problemi, cioè che la bobina del filamento abbia spazio sufficiente per muoversi (rotazione) e che il filamento possa scorrere liberamente nel tubo flessibile Bowden

iii. Controllare le seguenti impostazioni di affettatura:
1) diametro del filamento: ad es. 1,75 mm

2) "(Material) Flow": 100% (aumentare se necessario) e minore "Retraction"

iv. Controllare la forza con cui l'estrusore fissa il filamento (di solito tramite una piccola ruota dentata). Se necessario aumentare questa forza - se possibile - o sostituire l'estrusore se il filamento non può essere fissato o trasportato correttamente

Material		
Default Printing Temperature	210	°C
Printing Temperature	210	°C
Printing Temperature Initial Layer	210	°C
Initial Printing Temperature	210	°C
Final Printing Temperature	210	°C
Default Build Plate Temperature	60	°C
Build Plate Temperature	60	°C
Build Plate Temperature Initial Layer	60	°C
Flow	100	%
Initial Layer Flow	100	%
Enable Retraction	✓	
Retract at Layer Change		
Retraction Distance	6	mm

Figura 16: Impostazioni del modello per i parametri: "Flow" e "Print Temperature"

8.2 Il filamento è fragile / si rompe durante la stampa

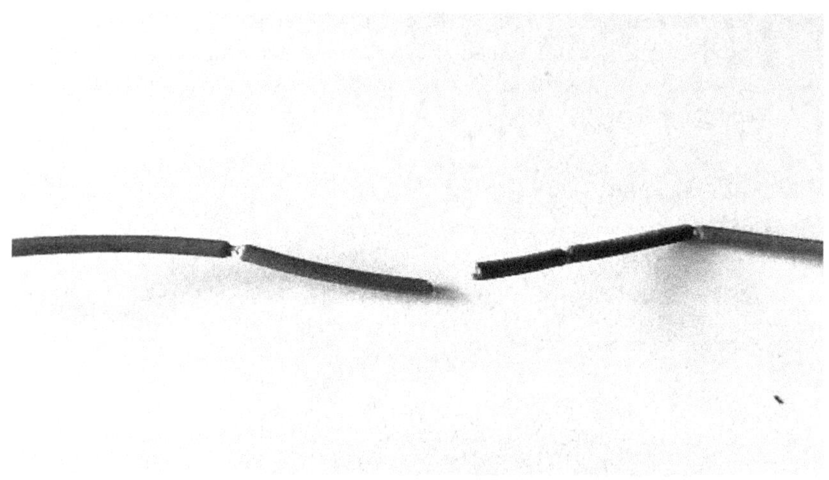

Figura 17: Filamento fragile

Descrizione:

Il filamento è molto fragile e si rompe anche con una leggera deformazione o durante la stampa.

Cause e soluzioni possibili:

Informazioni di base: *Conservare il filamento in una zona asciutta (il filamento assorbe l'umidità), buia (la luce UV è molto scarsa) e correttamente temperata (ad esempio in una scatola con un sacchetto di silicato e in una stanza con bassa umidità e una temperatura nell'intervallo di 20 - 23° Celsius).*

i.   Il filamento è stato conservato in modo errato o ha già qualche anno di vita. Sostituire il filamento se è più vecchio di 1 anno (con pacchetto aperto)

ii.   Troppa piegatura durante il trasporto del filamento: se il tubo Bowden è stato installato con forti cambi di direzione, il filamento potrebbe essere troppo piegato. Installare e il tubo Bowden con il minor numero possibile di curve

iii.   Il posizionamento della bobina di filamento è scelto male. Se la bobina del filamento è posizionata molto in profondità e ad una distanza relativamente elevata dall'estrusore, il filamento può anche rompersi. Scegliere una posizione alla stessa altezza o sopra l'estrusore e assicurarsi che il filamento sia alimentato in modo fluido

8.3 Filamento "Grinding / Stripping / Crushing"

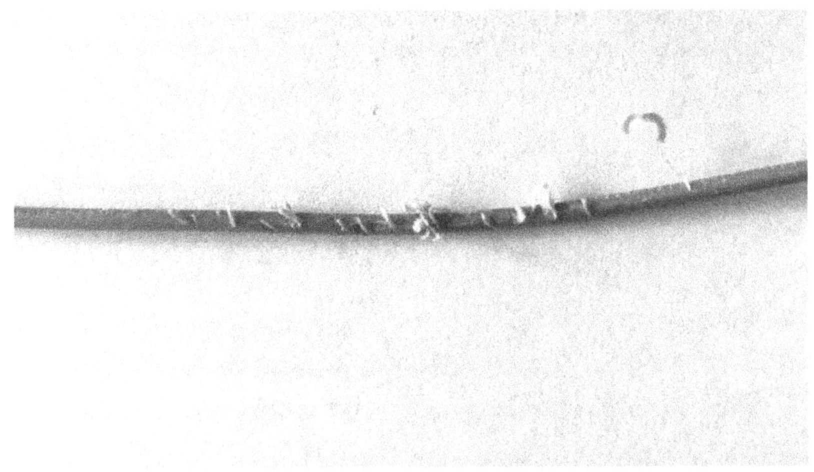

Figura 18: Un pezzo di filamento danneggiato dall'estrusore

Descrizione:

Il filamento mostra tracce di rimozione del materiale e/o sembra piuttosto usurato e danneggiato. Tacche sono visibili.

Cause e soluzioni possibili:

Informazioni di base: *Utilizzare filamenti di alta qualità.*

i. Nelle stampanti 3D FDM, l'estrusore fissa il filamento per il trasporto, di solito tramite una piccola ruota dentata. Questo di solito lascia solo piccole rientranze visibili. Tuttavia, se l'estrusore cerca di spingere eccessivamente il filamento a causa di un blocco, il filamento può essere maltrattato a questo punto. Il motivo può essere un ugello ostruito o un blocco generale (vedi i capitoli 6.2, 7.2 e 9.15)

ii. Controllare le impostazioni di affettatura per:
1) "Retraction" troppo forti e troppo veloci
2) Velocità di stampa troppo elevata. Se la velocità di stampa è troppo elevata, l'ugello di stampa non sarà in grado di sopportare la quantità di materiale fornito e la pressione potrebbe essere troppo elevata. Ridurre la velocità di stampa
3) Temperatura di stampa troppo bassa: il filamento non può essere sufficientemente fuso. Troppo alta pressione si accumula nell'area della "Hot-end"

iii. La piattaforma di stampa non è livellata correttamente. Se l'ugello è troppo vicino al letto di stampa, possono verificarsi inceppamenti di materiale anche nell'ugello e nell'area della "Hot-End"

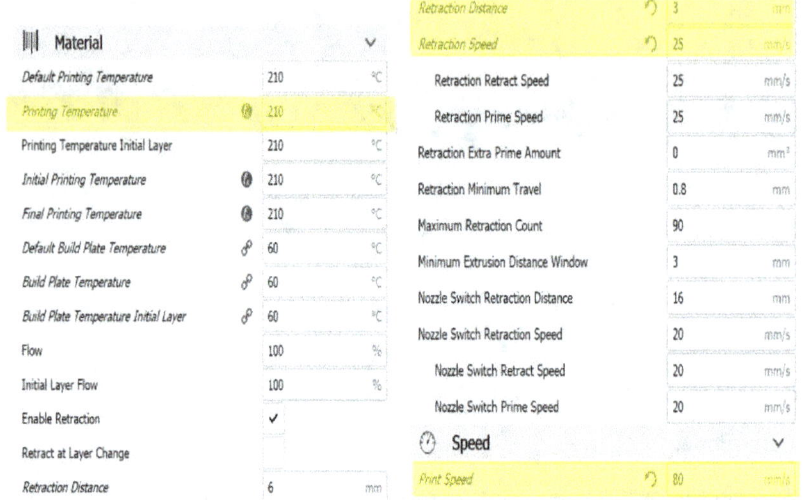

Figura 19: Impostazioni dei parametri: "Printing Temperature", "Retraction" e "Print Speed"

9 Particolari modelli di errore durante il processo di stampa

9.1 "Under-Extrusion"

Figura 20: "Under-Extrusion" nella zona della struttura di supporto anteriore

Descrizione:

Troppo poco materiale esce dall'ugello. Le strutture stampate sono molto sottili, incomplete e non sufficientemente formate (molto simili al capitolo 8.1).

Cause e soluzioni possibili:

Informazioni di base: *spesso assomiglia al errore di un ugello parzialmente bloccato.*

i. Controllare tutti i punti dei capitoli 6.2, 8.1 e 9.15, poiché spesso sono possibili cause di strozzature meccaniche o di un ugello (parzialmente) bloccato

ii. Utilizzare le seguenti raccomandazioni nel software di affettatura:
   1) Utilizzare una temperatura di stampa più alta e una velocità di stampa più bassa (scaricare una "Temperature Tower" da thinigverse.com)
   2) Controllare il diametro del filamento (per es. 1,75 mm)
   3) Impostare "Flow" al 100% e aumentare l'impostazione di qualche punto percentuale se necessario
   4) ridurre al minimo la velocità di "Retraction" e ridurre ulteriormente la distanza di "Retraction"

5) Se lo schema di errore si verifica solo nell'area delle strutture di supporto o del riempimento, prestare particolare attenzione alle impostazioni in queste aree: "(Print) speed" (inferiore) e "Density" (superiore), che di solito possono essere modificate individualmente

Default Printing Temperature		210	°C
Printing Temperature	𝑓ₓ	210	°C
Printing Temperature Initial Layer		210	°C
Initial Printing Temperature	𝑓ₓ	210	°C
Final Printing Temperature	𝑓ₓ	210	°C
Default Build Plate Temperature	🔗	60	°C
Build Plate Temperature	🔗	60	°C
Build Plate Temperature Initial Layer	🔗	60	°C
Flow		100	%
Initial Layer Flow		100	%
Enable Retraction		✓	
Retract at Layer Change			
Retraction Distance	↺	2	mm
Retraction Speed	↺	25	mm/s
Retraction Retract Speed		25	mm/s

Figura 21: Impostazioni per "Retraction" e "Printing Temperature"

9.2 "Over-Extrusion"

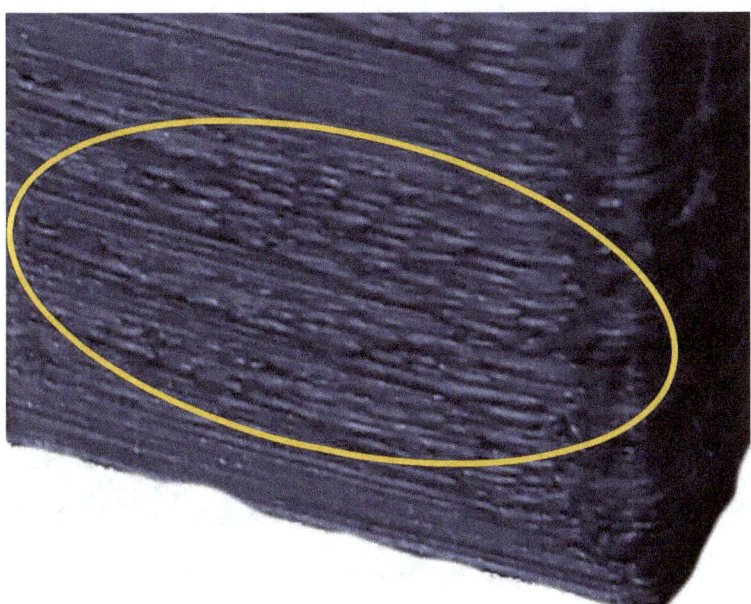

Figura 22: "Over-Extrusion" su un cubo

Descrizione:

Troppo materiale esce dall'ugello. Le strutture stampate sono impure.

Cause e soluzioni possibili:

Informazioni di base: *Modello di errore opposto a* "Under-Extrusion" (9.1)

i. Utilizzare le seguenti raccomandazioni nel software di affettatura:
   1) La temperatura di stampa è troppo alta (ridurre di 10-20° Celsius); scaricare una "Temperature Tower" da thingiverse.com per scoprire la temperatura ottimale per il vostro filamento
   2) Controllare il diametro del filamento: ad es. 1,75 mm
   3) Impostare "Flow" al 100% e ridurlo di qualche punto percentuale se necessario
   4) Aumentare la velocità e la distanza di "Retraction"
ii. Calibrare il valore: "Steps per mm" del motore del estrusore (usare le istruzioni del produttore)

9.3 "Curling"

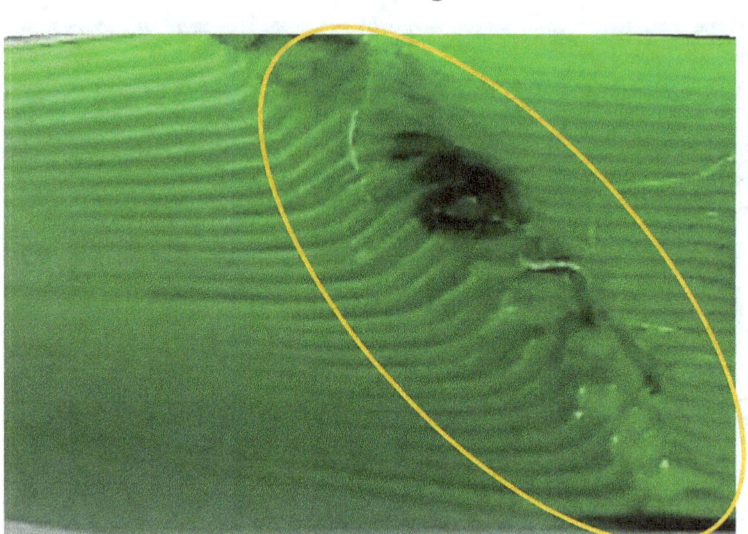

Figura 23: "Curling" l'angolo di un oggetto di stampa

Descrizione:

I bordi e gli angoli dell'oggetto stampato si arricciano verso l'alto.

Cause e soluzioni possibili:

Informazioni di base: *Questo modello di errore è causato principalmente da una temperatura di stampa troppo alta.*

i. Utilizzare le seguenti raccomandazioni nel software di affettatura:
   1) La temperatura di stampa è troppo alta (ridurre di 10-20° Celsius); scaricare una "Temperature Tower" da thingiverse.com per scoprire la temperatura ottimale
   2) Aumentare la velocità del ventilatore o portarla al massimo possibile. Controllare anche il funzionamento dei ventilatori
ii. Controllare la temperatura ambiente e aprire l'involucro della stampante 3D (se presente)

9.4 "Stringing" o "Oozing"

Figura 24: Test di "Stringing" classica

Descrizione:

Nell'area dell'oggetto stampato si formano strutture simili a reti. Motivo: La plastica è ancora estrusa, anche se l'ugello si sta già muovendo verso il punto successivo.

Cause e soluzioni possibili:

Informazioni di base: *Se non si riesce ad individuare il difetto, di solito è possibile rimuovere queste strutture relativa facilità.*

i.   Utilizzare le seguenti raccomandazioni nel software di affettatura:
1)   La temperatura di stampa è troppo alta (ridurre di 10-20° Celsius)
2)   Aumentare la velocità del ventilatore o portarla al massimo possibile. Controllare anche il funzionamento dei ventilatori
3)   Attivare la funzione "Retraction" e impostarla su valori plausibili (distanza: 2-10 mm; velocità: 40-80 mm/s). Questa funzione rimuove la pressione del filamento dall'ugello ritraendo il filamento durante un movimento verso l'area di stampa successiva
4)   Questo errore di stampa è spesso causato anche dal fatto che l'ugello deve percorrere distanze troppo lunghe tra diversi oggetti di stampa.

Posizionare gli oggetti di stampa il più vicino possibile l'uno all'altro nel software di affettatura. Oppure è meglio stampare un solo oggetto per ogni lavoro

5)   Attivare anche la funzione "Coasting". L'ultimo movimento della testina di stampa viene poi effettuato senza ulteriore alimentazione di materiale, in modo che il materiale in eccesso possa essere utilizzato alla fine di un movimento di stampa

Experimental			
Tree Support			
Slicing Tolerance		Middle	
Infill Travel Optimization			
Maximum Resolution		0.01	mm
Enable Draft Shield			
Make Overhang Printable			
Enable Coasting		✓	
Coasting Volume		0.064	mm³
Minimum Volume Before Coasting		0.8	mm³
Coasting Speed		90	%
Alternate Skin Rotation			
Spaghetti Infill			
Fuzzy Skin			
Flow rate compensation max extrusion offset		0	mm

Figura 25: Impostazioni del modello per "Coasting" alla voce di menu "Experimental"

9.5 "Blobs" e "Zits"

Figura 26: Blobs & Zits on the outer wall of a 3D printed object

Descrizione:

Sulle pareti esterne del modello stampato ci sono isolati e piccoli depositi di materiale sotto forma di "goccioline" o "brufoli".

Cause e soluzioni possibili:

Informazioni di base: *Se non si riesce ad individuare il difetto, è possibile ritoccare questi depositi rifinendo con carta vetrata (grana fine).*

i. Utilizzare le seguenti raccomandazioni nel software di affettatura:

1) Controllare le impostazioni nella sezione "Retraction". La causa principale del problema è solitamente rappresentata da valori errati in questa sezione. Valori raccomandati: distanza: 2-10 mm; velocità: 40-80 mm/s. Evitare troppe retrazioni aumentando il valore nella sezione "Minimum distance for retractions" o diminuendo il valore "Maximum number of retractions"

2) Impostare il modo "Combing" su: "Inside Filling". Questo farà sì che la testina di stampa si sposti il più possibile nelle aree già stampate (gli spostamenti verso l'area di stampa successiva saranno all'interno del riempimento). In questo modo si separa il materiale in eccesso all'interno del riempimento

3) Disattivare la funzione "z-jump on retraction" ("z-Hop"). Questa funzione permette di abbassare o sollevare brevemente la piattaforma per creare una distanza tra l'ugello e l'oggetto (questo può essere utile se la testina di stampa ha già ribaltato più volte l'oggetto)

4) Spesso si verificano "Blobs" e "Zits" a causa delle impostazioni della cucitura a Z. La cucitura a Z descrive una struttura verticale visibile all'esterno di un oggetto stampato. Viene creata perché la stampante 3D deve iniziare in un punto all'inizio di ogni livello. Questo punto è il punto in cui il materiale spesso si accumula, dando luogo ad una "cucitura" verticale. Modificare l'impostazione del punto "z-seam position" da "random" ad un valore definito (coordinata x,y), che si trova in un'area relativamente invisibile dell'oggetto. Quindi la stampante non avvierà il livello in una posizione casuale (che può portare alle "macchie" sulle pareti dell'oggetto) ma tirerà su la "cucitura" in posizione verticale. Evitare completamente la cucitura a z è spesso molto difficile

ii. Utilizzare un filamento asciutto e relativamente nuovo e seguire le istruzioni per la conservazione del filamento aperto all'inizio del libro

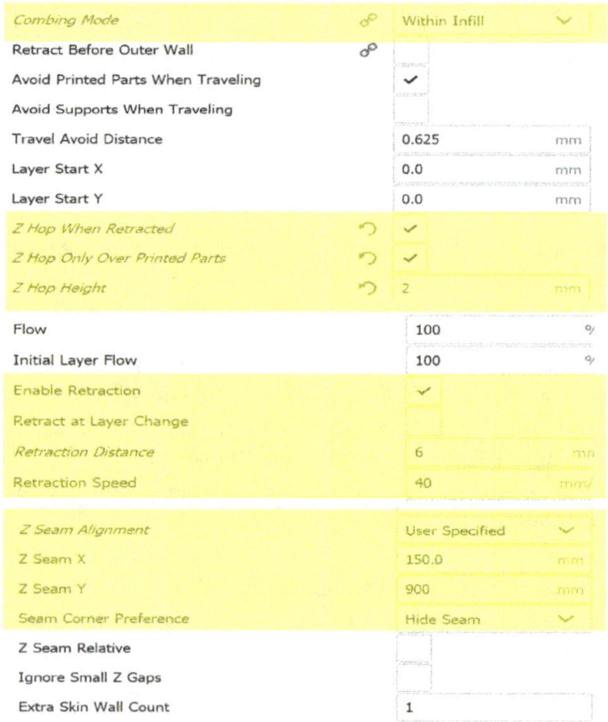

9.6 "Pillowing"

Figura 27: Piccole ammaccature a forma di cuscino nella superficie di stampa

Descrizione:

Ci sono ammaccature sul lato superiore della stampa e / o la superficie ha dei fori.

Cause e soluzioni possibili:

Informazioni di base: *Nella maggior parte dei casi, questo è il risultato di una struttura insufficiente sotto lo strato superficiale (cioè un cattivo riempimento: vedi capitolo 11.1) o di un numero insufficiente di strati superficiali.*

i. Utilizzare le seguenti raccomandazioni nel software di affettatura:
    1) Utilizzare una percentuale di riempimento ("Infill Percentage") più alta. Una densità di riempimento inferiore al 15 % non è di solito molto utile. Anche la modifica dello schema di riempimento e della velocità di stampa (più lenta) può essere d'aiuto
    2) Ridurre la temperatura di stampa (o aumentare la potenza della ventilazione, se necessario) e la velocità generale di stampa
    3) Controllare anche le soluzioni suggerite per gli schemi di errore: "Under-Extrusion" dal capitolo 9.1 e dal capitolo 8.1
    4) Aumentare il numero di strati superiori (ad es. da tre a sette strati per una buona qualità)

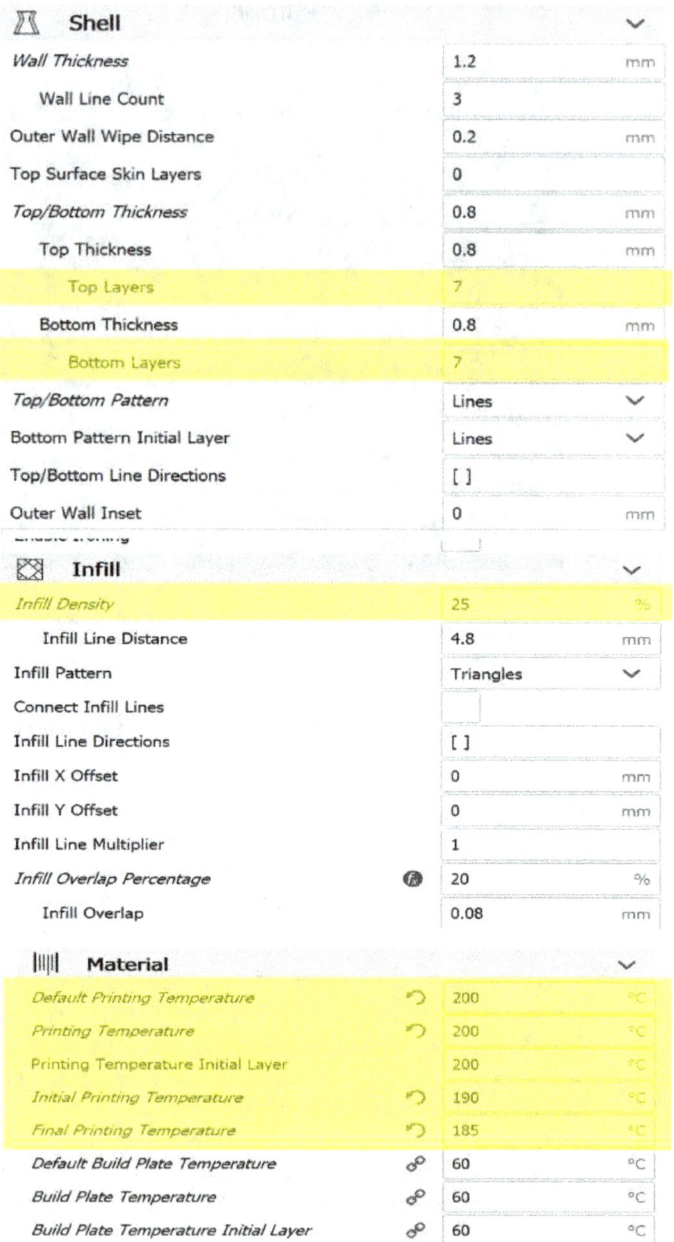

Figura 28: Impostazioni del modello per i parametri specifici

9.7 "Vibrations" & "Ringing" ("Ghosting")

Figura 29: "Vibrations" & "Ringing" su un cubo di calibrazione

Descrizione:

Le vibrazioni si manifestano sulle pareti laterali dell'oggetto stampato sotto forma di linee ondulate, irregolarità e "ombreggiature".

Cause e soluzioni possibili:

Informazioni di base: *Le cause meccaniche possono giocare un ruolo importante in questo caso. Il telaio della stampante e il suo supporto devono avere la massima rigidità possibile (vedi consigli di base).*

1) Come già detto, se la rigidità del telaio è troppo bassa e non ci sono adeguate controventature, le vibrazioni possono essere trasmesse all'oggetto da stampare

2) Installare gli ammortizzatori sui piedi della stampante 3D (Suggerimento: palline da squash in combinazione con supporti stampati in 3D)

3) Maggiore è la massa in movimento, maggiori sono i momenti di reazione e maggiori possono essere le vibrazioni. Cercate di mantenere la massa della "Hot-End" il più bassa possibile

4) Controllare anche tutti i cuscinetti a sfera e le cinghie di trasmissione per verificare che siano sufficientemente stretti

5) Controllare la sospensione dei motori. Se la vibrazione dei motori non è sufficientemente disaccoppiata, sarà trasmessa al telaio della stampante 3D, all'ugello di stampa e quindi alla stampante 3D. Installazione degli elementi di smorzamento tra il motore e il telaio della stampante 3D

6) Utilizzare le seguenti raccomandazioni nel software di affettatura:

1) Le cause nelle impostazioni di affettatura sono da ricercare nella velocità di stampa e soprattutto nell'accelerazione di stampa. Rapidi cambiamenti di movimento sono un problema. Ridurre la velocità generale di stampa (ad es. 60-100 mm/s) e l'accelerazione (max. 500 mm/s²)

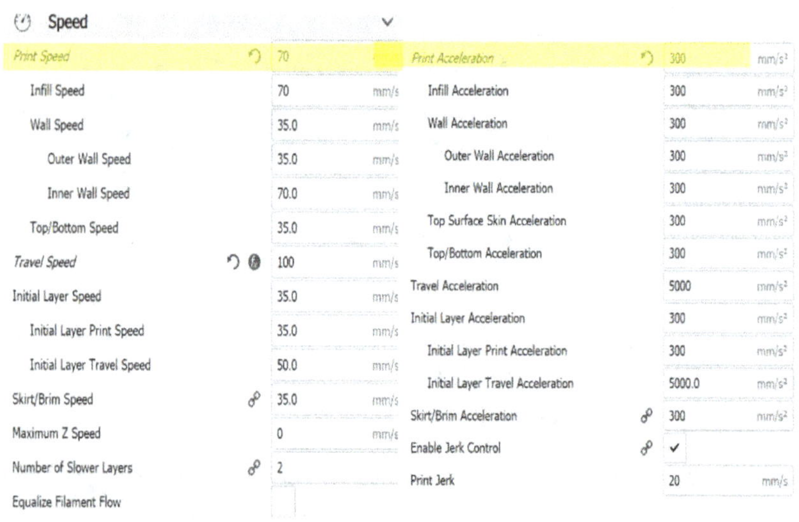

Figura 30: Impostazioni dei parametri: "Print Speed" e "Print Acceleration"

9.8 "Warping"

Figura 31: L'angolo dell'oggetto di stampa si stacca dal letto di stampa (freccia)

Descrizione:

La "Warping" descrive che uno o più angoli o la superficie del bordo di un oggetto stampato si stacca dal letto di stampa e si deforma verso l'alto.

Cause e soluzioni possibili:

Informazioni di base: *Quando la plastica, ancora calda per la stampa, si raffredda gradualmente, il materiale si restringe. Ne risultano forze orientate in direzione opposta al letto di stampa. Se le forze adesive sono ora inferiori, il materiale si stacca dal letto di stampa.*

i. È essenziale utilizzare un letto riscaldabile con una temperatura del letto di stampa nell'intervallo di 60° Celsius (o specifica del produttore del filamento), specialmente per i processi di stampa più grandi

ii. Montare un involucro attorno alla stampante 3D o chiudere tutte le porte dell'involucro per mantenere il calore all'interno.

iii. Controllare anche il livellamento del letto di stampa (di solito la distanza tra l'ugello e il letto di stampa è un po' troppo grande nel punto in cui avviene la deformazione)

iv. Utilizzare le seguenti raccomandazioni nel software di affettatura:

1) Ridurre la velocità della ventola (possibilmente solo per il primo strato di stampa)

2) Utilizzare il tipo di aderenza ("Build Plate Adhesion Type"): "Brim" o "Raft"

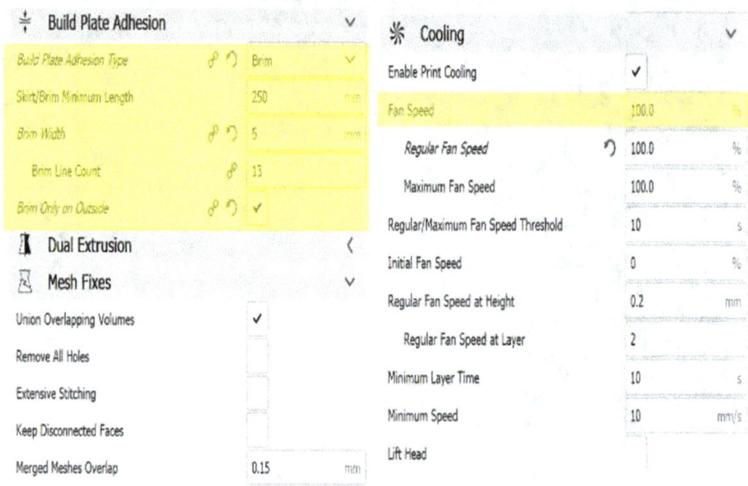

Figura 32: Impostazioni per "Fan Speed" e "Build Plate Adhesion Type"

9.9 "Piede di elefante"

Figura 33: Una "piede di elefante". Il peso è sui primi strati

Descrizione:

I primi strati dell'oggetto stampato sono leggermente più larghi dei successivi.

Cause e soluzioni possibili:

Informazioni di base: *Questo problema è solitamente dovuto ad un'eccessiva influenza del calore del letto di stampa. A seconda del filamento, la temperatura ottimale può variare. Il peso dei seguenti strati preme sullo strato o sugli strati più bassi e questi - se non si solidificano sufficientemente - cedono il posto alla pressione.*

i. Per prima cosa controllare il livellamento del letto di stampa. Questo errore può verificarsi se la distanza tra l'ugello e il letto è troppo piccola.
ii. Utilizzare le seguenti raccomandazioni nel software di affettatura:
    1) Ridurre la velocità delle ventole durante il primo strato di stampa
    2) Ridurre la temperatura del letto di stampa nelle impostazioni di affettatura
    3) Utilizzare il tipo di aderenza: "Raft"

9.10 "z-axis wobble"

Figura 34: "z-axis wobble"; anche qui colpisce la cucitura a z

Descrizione:

Con questo schema di errore, le pareti laterali dell'oggetto stampato non sono lisce. Gli strati non sono posizionati correttamente allineati uno sopra l'altro, ma con una distanza in direzione dell'asse x & y.

Cause e soluzioni possibili:

Informazioni di base: *Questo modello di errore di solito ha cause meccaniche.*

i. Per prima cosa provare a stampare con uno spessore dello strato inferiore (ad es. 0,1 mm o 0,2 mm). Spessori di strato più elevati si traducono generalmente in una qualità di stampa inferiore

ii. Se l'asse z è fuori tondo (è sufficiente una leggera curva) o non è guidato bene o con tolleranze troppo elevate in direzione verticale, l'asse z eserciterà forze in direzione degli assi x e y sulla guida della testina di stampa ad ogni cambio di altezza. Questo fa sì che la testina di stampa si sposti leggermente nella direzione dell'asse x o y, stampando così lo strato con un piccolo offset. Controllare che i componenti meccanici non presentino forti scostamenti e, se necessario, sostituirli

9.11 Distanze di strato ("Layer Cracking / Separation / Splitting")

Figura 35: Strati divisi in un oggetto di stampa 3D

Descrizione:

Nell'oggetto di stampa ci sono lacune o separazioni di strati nettamente definite a causa di una connessione (coesione) insufficiente degli strati tra loro.

Cause e soluzioni possibili:

Informazioni di base: *A volte anche da confondere con "Under-Extrusion" (vedi capitolo 9.1). Il fattore decisivo è se le lacune possono essere chiaramente delimitate o meno. Questo schema di errore è paragonabile anche a quello della "Warping" (vedi capitolo 9.8), solo che qui le separazioni degli strati e le deformazioni si verificano nell'area avanzata dell'oggetto di stampa.*

i.   Utilizzare le seguenti raccomandazioni nel software di affettatura:
1) Poiché il filamento deve essere fuso a sufficienza per legarsi allo strato precedente, è consigliabile aumentare leggermente la temperatura di stampa (è molto utile stampare una "Temperature tower" in questo contesto)
2) Ridurre lo spessore dello strato (ad es. a 0,1 mm o 0,15 mm)
3) Ridurre la velocità dei ventilatori se necessario

9.12 Gli strati sono spostati ("Layer Shifting")

Figura 36: Strati spostati nella 3DBenchy di "creativetools" (Thingiverse)

Descrizione:

Uno o più strati sono completamente spostati o leggermente sfalsati l'uno dall'altro.

Cause e soluzioni possibili:

Informazioni di base: *Se non avete creato voi stessi il "gcode", controllate se è dovuto al file.*

i.   Escludere prima le cause meccaniche: Può accadere che le cinghie di trasmissione si allentino o scivolino dopo un certo tempo. Controllare se le cinghie sono sufficientemente tese e se trasmettono in modo affidabile i movimenti dei motori. È anche possibile che la puleggia della cinghia (collegamento tra motore e cinghia di trasmissione) si allenti o scivoli di tanto in tanto

ii.   Se si escludono le cause meccaniche, utilizzare la seguente raccomandazione nel software di affettatura:

iii.   Se si stampa ad altissima velocità, i motori potrebbero non essere in grado di convertirli (spesso si sentono rumori di clic) Ridurre la velocità di stampa generale del 30-50 %

9.13 Strati mancanti

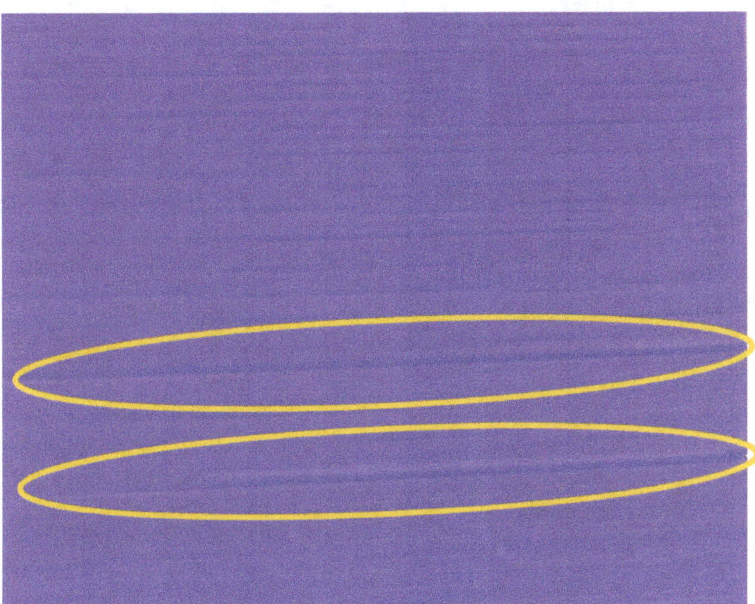

Figura 37: Mancano singoli strati nell'oggetto stampato

Descrizione:

Nell'oggetto stampato mancano uno o più strati. Questo può accadere più volte nella stampa a diverse altezze.

Cause e soluzioni possibili:

Informazioni di base: *Facile da confondere con "Under-Extrusion" (capitolo 9.1) o "Layer Splitting" (capitolo 9.11). Tuttavia, gli strati mancanti sono di solito molto distinti e non visibili in tutta la stampa e senza deformazione degli strati.*

i. Questo problema di solito non è affatto un livello di stampa mancante, ma un passo troppo alto nella direzione z durante il cambio di livello. Da un lato questo è possibile a causa di un difetto dell'asse z, dall'altro è causato da irregolarità nel motore. Controllare l'asse z, soprattutto se è piegato o comunque danneggiato. Controllare anche se l'asse z può muoversi liberamente o se è bloccato

ii. Nelle impostazioni di affettatura è di solito possibile impostare la velocità di marcia dell'asse z. Ridurre un po' questo valore. Disattivare anche la voce: "z hop when retracted"

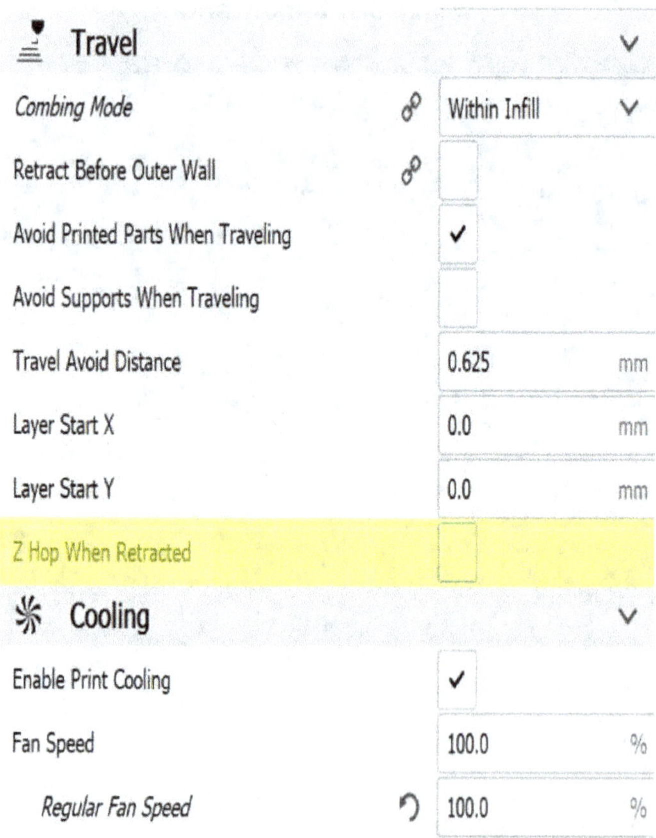

Figura 38: Deselezionare la funzione "z hop when retracted"

9.14 Le pareti laterali non sono lisce

Figura 39: Pareti laterali ondulate e ruvide

Descrizione:

Le pareti laterali dell'oggetto stampato sono molto ruvide, i singoli strati sono visibili come linee.

Cause e soluzioni possibili:

Informazioni di base: *Se possibile, stampare con un basso spessore dello strato (0,1 - 0,2 mm), questo potrebbe già risolvere il vostro problema.*

i. Verificate se avete a che fare con "Ringing & Vibrations" (vedi capitolo 9.7)
ii. Verificare se il problema è dovuto a "Under-Extrusion" (capitolo 9.1; vedi anche 8.1)
iii. Date un'occhiata alla visualizzazione della temperatura del display della stampante 3D. Se la temperatura dell'ugello di stampa oscilla entro +/- 10 gradi durante la stampa, anche questo può causare il problema. Evitare il controllo frequente dei ventilatori ("on", "off"). Se non è dovuto alle ventilatori: contattare il produttore della stampante e far sostituire, se necessario, il regolatore PID
iv. Controllare che tutti i componenti meccanici, in particolare l'asse z, non presentino danni (vedi anche le fasi di soluzione dell'"z-axis wobble": capitolo 9.10)
v. Stampa di prova a velocità ridotta ("Print Speed")

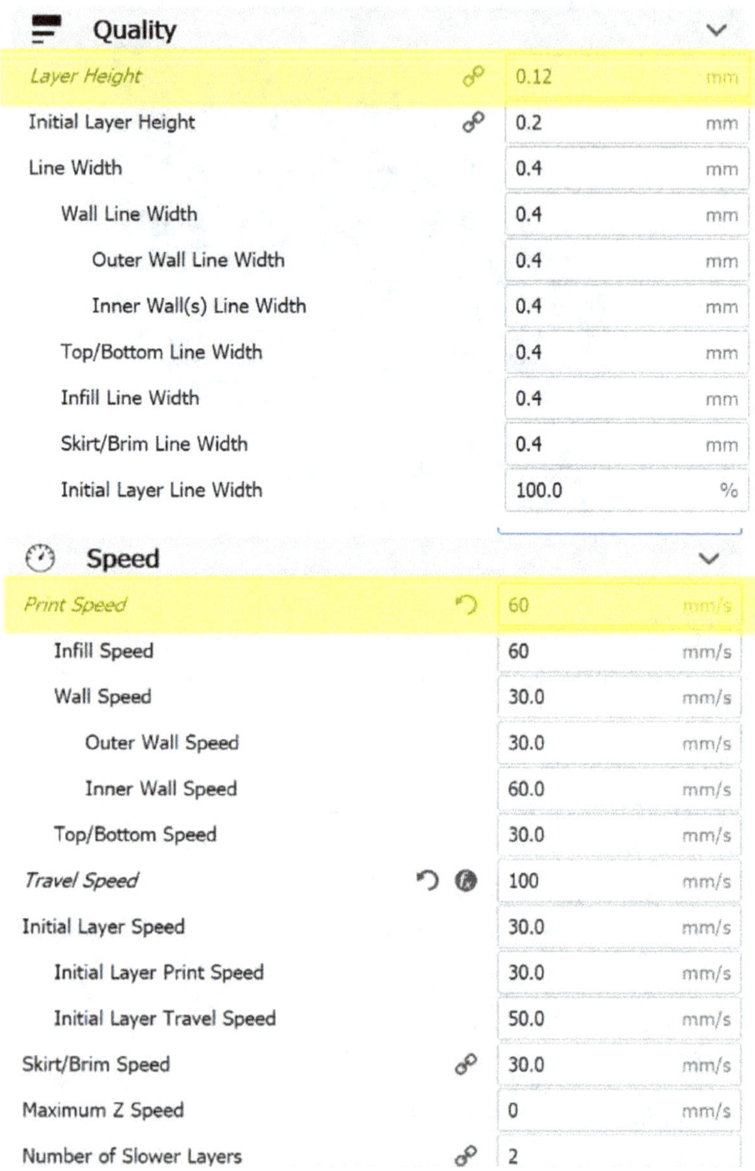

Figura 40: Impostazioni per "Print Speed"

9.15 Ugello ostruito

Figura 41: L'ugello della stampante 3D non estrude materiale

Descrizione:

L'ugello della stampante 3D emette poco o nulla materiale. Dall'estrusore si sentono dei rumori di clic.

Cause e soluzioni possibili:

Informazioni di base: *Assicurarsi che il letto di stampa sia correttamente livellato. Se l'ugello è troppo vicino al letto, questo può intasare l'ugello e aumentare la pressione all'interno dell'ugello, contribuendo così all'intasamento.*

Cause:

    i.   Depositi nell'ugello
    ii.   Velocità di avanzamento troppo veloce e conseguente effetto di compattazione / inceppamento del materiale
    iii.   l'uscita dell'ugello è stretta (usura / deformazione dovuta a danni meccanici)
    iv.   La temperatura di stampa è troppo bassa → Il filamento non è correttamente fuso

Soluzioni:

i. Riscaldare manualmente l'ugello a circa 250° Celsius (PLA; con ABS o altri materiali ancora più alti) e pulirlo con un ago per agopuntura o un pezzo di filo metallico (Attenzione: pericolo di ustioni!). Dopo il riscaldamento, si può anche provare a controllare manualmente il motore dell'estrusore e quindi premere il materiale fuori dall'ugello

ii. Ridurre la velocità di avanzamento nelle impostazioni di affettatura

iii. Sostituire completamente l'ugello (eventualmente anche la "Hot-End") se si deposita / si blocca troppo e/o l'ugello è troppo usurato

iv. Utilizzare una temperatura di stampa adeguata (specifica del produttore del filamento

9.16 Graffi sulla stampa (lato superiore/inferiore)

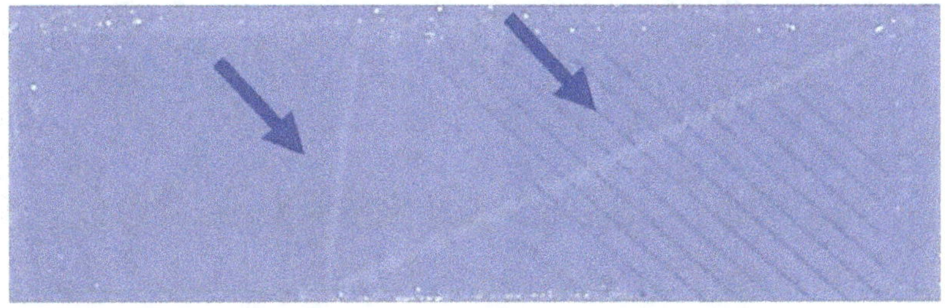

Figura 42: Tracce dell'ugello appaiono sulla superficie di stampa

Descrizione:

Ci sono linee o graffi molto visibili sulla parte superiore o inferiore dell'oggetto stampato.

Cause e soluzioni possibili:

Informazioni di base: *Queste linee sono solitamente create dai movimenti dell'ugello. Quando l'ugello caldo si muove su uno strato stampato già raffreddato, l'ugello fonde di nuovo la plastica e lascia una traccia. D'altra parte, una tale traccia può anche essere causata da secrezioni superflue dell'ugello (vedi capitolo 9.4).*

i.   Utilizzare le seguenti raccomandazioni nel software di affettatura:
1) Attivare la funzione "Retraction" e impostarla su valori plausibili (distanza: 2-10 mm; velocità: 40-80 mm/s). Questa funzione rimuove la pressione del filamento dall'ugello ritraendo il filamento durante un movimento verso l'area di stampa successiva, evitando così perdite indesiderate di materiale
2) Attivare anche la funzione "Coasting". L'ultimo movimento della testina di stampa viene poi effettuato senza ulteriore alimentazione di materiale, in modo che il materiale in eccesso possa essere utilizzato alla fine di un movimento di stampa
3) Attivare la funzione "z hop when retracted". Questa funzione permette di abbassare o sollevare brevemente la piattaforma mentre l'ugello per creare una distanza tra l'ugello e l'oggetto
4) Utilizzare la funzione di lisciatura ("Activate Ironing"). Con questa funzione, l'ugello si sposta sullo strato superiore senza flusso di materiale (anche un piccolo flusso di materiale può essere impostato) e lo leviga. In generale, questo produce uno strato di qualità molto fine.

Tuttavia, questo ha senso solo se lo strato superiore è relativamente parallelo al letto di stampa

5) Utilizzare la funzione "Combing" e impostarla in modo che questa funzione <u>non</u> venga utilizzata per gli strati superiore e inferiore

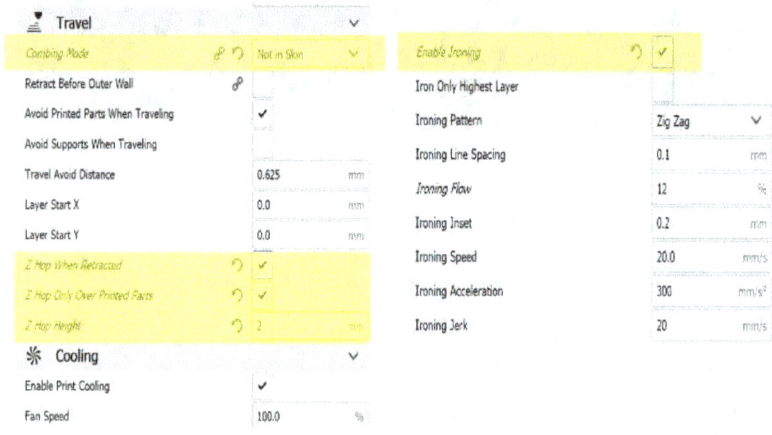

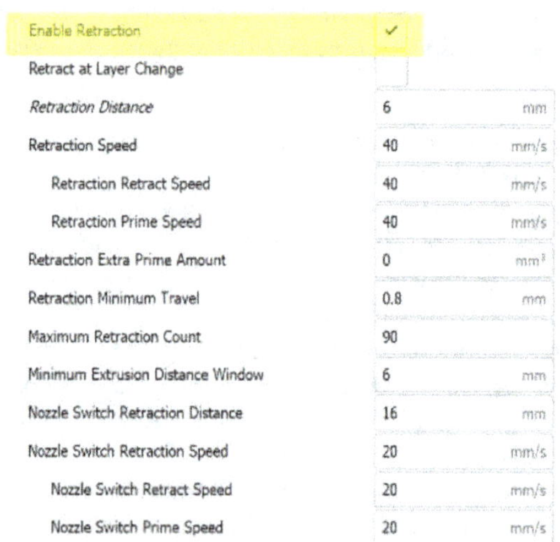

Figura 43: Impostazioni specifiche di affettatura

9.17 La stampante 3D rovescia le parti

Descrizione:

La testina di stampa capovolge la stampa. Questo di solito avviene ad un'altezza di stampa più avanzata.

Cause e soluzioni possibili:

Informazioni di base: Se il modello ha solo un punto di contatto molto piccolo e/o il centro di gravità è relativamente alto (il volume aumenta molto con l'altezza), l'ugello può ribaltare l'oggetto con relativa facilità durante il processo di stampa (soprattutto agitando i movimenti come nel caso della lisciatura). Questo vale soprattutto per gli elementi sottili e lunghi. A volte è impossibile stampare un elemento cilindrico lungo e sottile con orientamento verticale.

i. Controllare il livellamento del letto di stampa (ugello troppo vicino al letto)

ii. Utilizzare le seguenti raccomandazioni nel software di affettatura:
   1) Attivare la funzione "z hop when retracted". Questa funzione creare una distanza tra l'ugello e l'oggetto
   2) Selezionare un tipo di aderenza "Build Plate Adhesion Type" (specialmente "Brim" e "Raft" sono consigliati) per aumentare l'area di contatto. Aumentare anche il numero di linee (Brim) se necessario
   3) Ridurre la velocità di stampa

9.18 Pessimo a colmare le lacune (colmando)

Figura 44: Pessimo collegamento di una distanza un po' più lunga

Descrizione:

Una stampante 3D FDM generalmente non può stampare in aria. Tuttavia, di solito riesce a coprire distanze minori tra due punti senza materiale di supporto. Se la qualità di questo ponte è molto scarsa o non funziona affatto, leggi di più qui.

Cause e soluzioni possibili:

Informazioni di base: Per distanze più lunghe, in genere si dovrebbe utilizzare materiale di supporto. Anche se non è possibile raggiungere il successo seguendo i seguenti passi, è comunque possibile utilizzare relativamente bene il materiale di supporto.

i. Verificare l'attuale capacità di bridging della stampante 3D e le impostazioni di taglio caricando e stampando un oggetto "Bridging Test" da thingiverse.com.
ii. Utilizzare le seguenti raccomandazioni nel software di affettatura:
    1) Aumentare la velocità relativa del ventilatore al 100%
    2) Ridurre l'impostazione "Flow" (a volte aiuta ad aumentarlo; provare entrambi)
    3) Ridurre la temperatura di stampa
    4) Ridurre la velocità di stampa ("Print Speed") (a volte più veloce è meglio; provare entrambi)

9.19 La stampa 3D non può essere rimossa dal letto di stampa

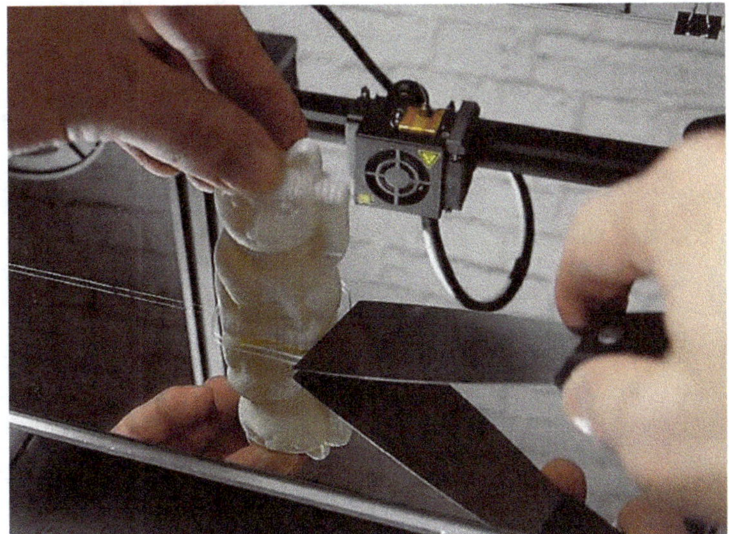

Figura 45: La stampa 3D può essere rimossa solo con un'elevata applicazione di forza

Descrizione:

Dopo il processo di stampa, l'oggetto non può essere rimosso dal letto di stampa, o solo con grande sforzo (attenzione: rischio di lesioni!).

Cause e soluzioni possibili:

Informazioni di base: Può essere molto pericoloso per la stampante 3D, per l'oggetto stampato e per voi stessi.

i. Lasciate che il letto di stampa si raffreddi completamente all'inizio, poi il problema si risolverà spesso da solo. Quando la plastica si raffredda, si restringe un po' e di solito si separa dal letto

ii. In caso contrario, la distanza tra l'ugello e il letto di stampa potrebbe essere troppo piccola. L'importanza di un letto ben livellato può essere sottolineata qui

iii. Se si utilizzano ausili aggiuntivi per aumentare l'adesione del letto di stampa (nastro adesivo, stick di colla, lacca per capelli, ...), lasciarli fuori

iv. Utilizzare le seguenti raccomandazioni nel software di affettatura:
1) Non utilizzare un tipo di aderenza supplementare (Brim, Raft)

2) Ridurre di qualche grado la temperatura del letto di stampa
3) Ridurre "Flow" per il primo strato di stampa (o in generale) o controllare ulteriori impostazioni per il primo strato di stampa (ad es. utilizzare uno spessore di strato più alto per il primo strato)

⫾⫾⫾ Material			⌄
Default Printing Temperature		210	°C
Printing Temperature	*fx*	210	°C
Printing Temperature Initial Layer		210	°C
Initial Printing Temperature	*fx*	210	°C
Final Printing Temperature	*fx*	210	°C
Default Build Plate Temperature	🔗	60	°C
Build Plate Temperature	🔗	60	°C
Build Plate Temperature Initial Layer	🔗	60	°C
Flow		100	%
Initial Layer Flow		100	%
Enable Retraction		✓	
Retract at Layer Change			
Retraction Distance		6	mm

Figura 46: Impostazioni specifiche per "Flow" e "Print Temperature"

9.20 Spazi tra il riempimento e le pareti esterne

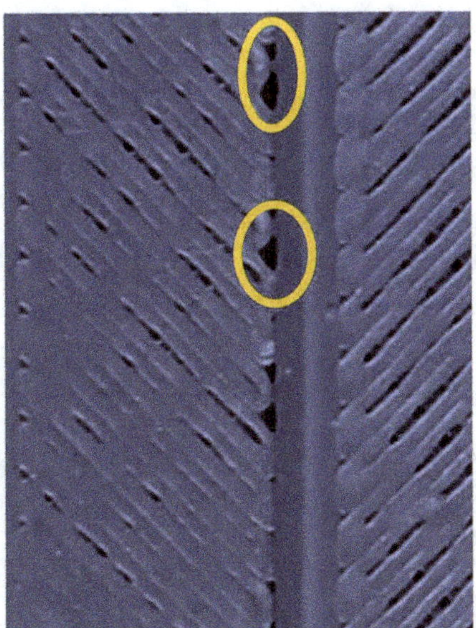

Figura 47: Lacune nello strato di stampa

Descrizione:

Ci sono dei vuoti visibili tra le pareti e il riempimento

Cause e soluzioni possibili:

Informazioni di base: *Non utilizzare impostazioni di affettatura troppo diverse per le pareti e il riempimento (soprattutto per le velocità).*

i. Utilizzare le seguenti raccomandazioni nel software di affettatura:

1) Ridurre la velocità di stampa (riempimento e pareti)
2) Aumentare la percentuale di sovrapposizione tra pareti interne e riempimento
3) Provare un modello di riempimento diverso

9.21 La stampante 3D si ferma durante la stampa o ad una specifica altezza di stampa

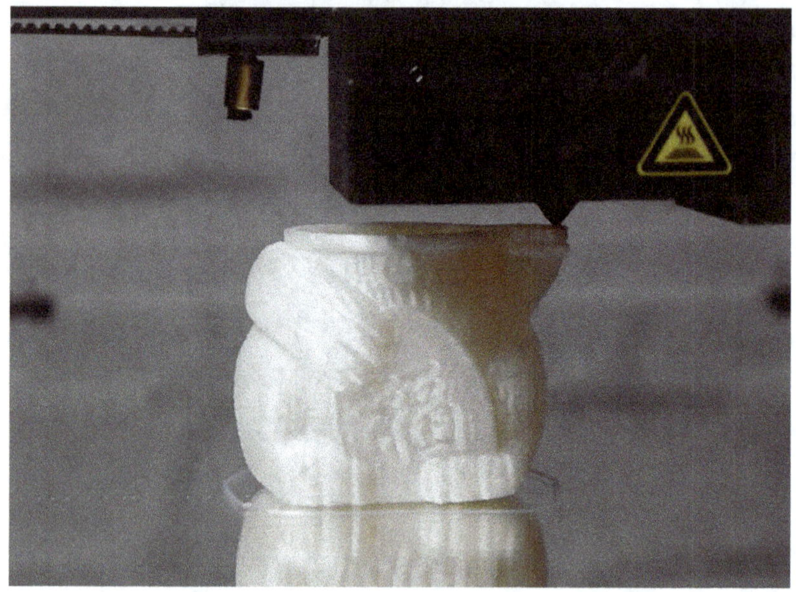

Figura 48: La stampante 3D interrompe improvvisamente la stampa

Descrizione:

La stampante si ferma durante un processo di stampa incompleto o ripetutamente ad un'altezza definita.

Informazioni di base: *Controllare l'alimentazione elettrica.*

Cause e soluzioni possibili:

i.   Controllare il funzionamento di tutti i componenti meccanici della stampante: in particolare i motori passo-passo, i giunti di collegamento, le cinghie di trasmissione, l'asse z e l'estrusore

ii. Potrebbe anche esserci un blocco nell'area di alimentazione dei filamenti. Purtroppo può succedere che il filamento si aggrovigli o si annodi sulla bobina e quindi si blocchi. Tuttavia, in questo caso la stampante probabilmente continuerebbe a muoversi senza estrudere il filamento

iii.   Potrebbe esserci un problema con il sensore di filamento che ferma la stampante 3D (se presente)

iv.   Anche l'ugello può essere bloccato (ma anche in questo caso i movimenti della testina di stampa continuerebbero)

v.   C'è un surriscaldamento generale dei componenti della stampante 3D, ad esempio i motori. Un interruttore termico previene i danni indotti dal calore e arresta la stampante per motivi di sicurezza. Lasciate raffreddare i componenti

vi.   Se il processo di stampa si arresta sempre ad una certa altezza, ciò può essere dovuto o ad un asse z difettoso o ad impostazioni errate nel software di affettatura (spazio di installazione impostato in modo errato; processo di affettatura difettoso) o ad altri blocchi meccanici (cablaggio troppo corto)

9.22 La cucitura a z è molto visibile

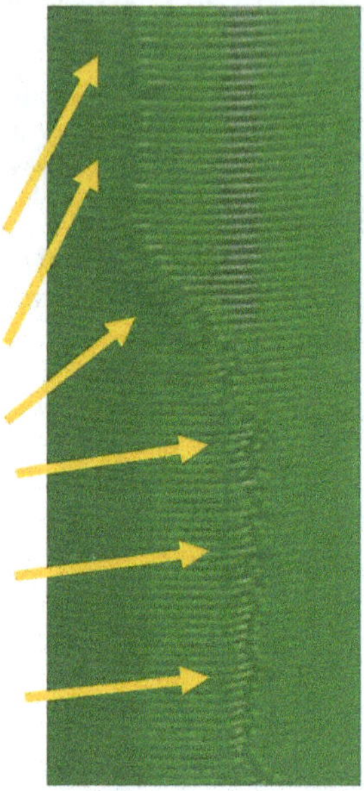

Figura 49: Si forma una "cucitura a z" verticale

Descrizione:

La cucitura a z è visibile sulla parete esterna. La cucitura a z descrive una struttura verticale visibile all'esterno di un oggetto stampato. Viene creata perché la stampante 3D deve iniziare in un punto all'inizio di ogni strato.

Informazioni di base: *È molto difficile eliminare completamente la cucitura a z. Tuttavia, è spesso possibile collocarlo in luoghi poco appariscenti o nasconderlo relativamente bene in generale.*

Cause e soluzioni possibili:

i. Nell'area del punto in cui inizia l'ugello, c'è spesso un accumulo di materiale, con conseguente "cucitura" verticale. Modificare l'impostazione del punto "z seam position" da "random" ad un valore definito (coordinata x,y) in un'area relativamente invisibile dell'oggetto. Quindi la stampante non avvierà il livello in una posizione casuale ma tirerà su la "cucitura" in posizione verticale. Evitare completamente questa cucitura è spesso molto difficile.

10 Problemi di geometria

10.1 Scostamenti dimensionali dalla stampa al modello CAD

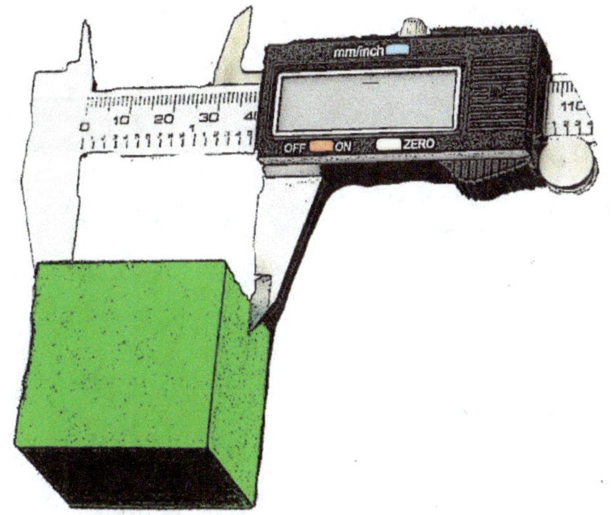

Figura 50: Misurazione del componente con un calibro a pinza

Descrizione:

L'oggetto stampato si discosta (significativamente) dalle dimensioni del modello CAD.

Informazioni di base: *Deviazioni dimensionali minori sono di solito inevitabili. Se questo è il caso di un assemblaggio, di solito non è così male, perché le dimensioni assolute degli elementi non si adattano, ma le tolleranze relative tra loro sono di nuovo mantenute. Diventa difficile se gli oggetti stampati in 3D devono essere utilizzati per altri scopi o se gli scostamenti dimensionali variano da stampa a stampa.*

Cause e soluzioni possibili:

i. Controllare se è presente lo schema di errore "Under- o Over-Extrusion" (vedi capitoli 9.1 e 9.2) (verificare i passi consigliati se non si è sicuri)

ii.   Se vengono stampati solo i primi strati dell'oggetto sovradimensionati, controllare il capitolo 9.9 ("Piede di elefante")

iii.   Se non si riesce a tenere sotto controllo il problema, è anche possibile pianificare tolleranze più o meno elevate o semplicemente scalare i singoli oggetti nel software di affettatura dell'1-5% più o meno grandi

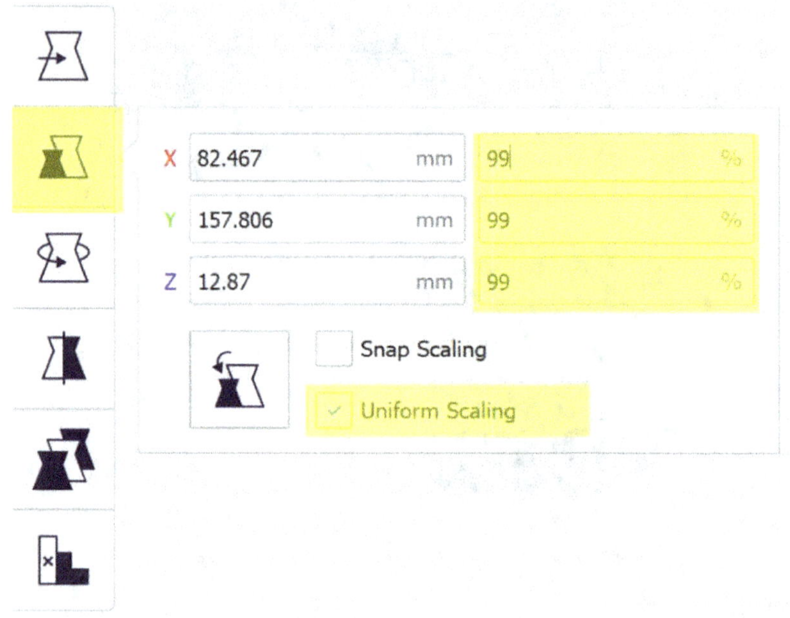

Figura 51: Modello di stampa in scala in Cura 1% più piccolo (uniforme)

10.2 I cerchi sono stampati ovali

Descrizione:

I cerchi non sono stampati in tondo, ma ovali.

Informazioni di base: *Con un corretto posizionamento dell'oggetto, il successo può già essere raggiunto. L'asse di un foro o di un cerchio dovrebbe - se possibile - essere posizionato verticalmente, in modo che l'influenza della gravità non sia importante.*

Cause e soluzioni possibili:

i.   Verificare la presenza di problemi meccanici: le cinghie di trasmissione sono sufficientemente tese? Le cinghie di trasmissione trasmettono i movimenti dei motori? L'asse Z è ok?

ii.   Ridurre la velocità di stampa

iii.   Provare un diverso posizionamento (soprattutto la rotazione) dell'oggetto nel software di affettatura

10.3 Gli elementi sottili non vengono stampati

Descrizione:

Elementi molto sottili o piccoli non vengono stampati.

Informazioni di base: *Se si stampano elementi (ad es. 0,3 mm) più sottili del diametro dell'ugello (ad es. ugello da 0,4 mm), è possibile che non vengano stampati.*

Cause e soluzioni possibili:

i. Se possibile, cercare di non utilizzare o stampare strutture più sottili del diametro dell'ugello della stampante 3D. In alternativa, utilizzare un diametro dell'ugello più piccolo

ii. Attivare anche l'impostazione: "Print Thin Walls" o un'impostazione di affettatura comparabile

iii. Verificare se è possibile modificare l'orientamento dell'oggetto sulla piattaforma di stampa o se è possibile la scalatura

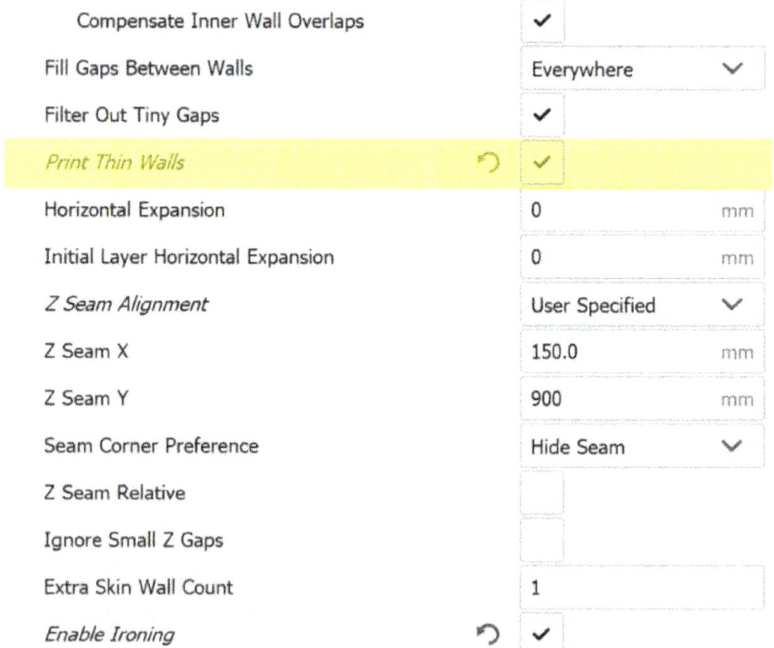

Figura 52: Attivare "Print Thin Walls"

11 Problemi con il riempimento

11.1 Cattivo riempimento

Figura 53: Motivo di riempimento stampato male

Descrizione:

Il riempimento dell'oggetto è stampato qualitativamente / quantitativamente molto scadente, presenta lacune o altri difetti.

Informazioni di base: *Se il componente non è sottoposto ad alcuna sollecitazione e lo strato superiore dell'oggetto è stampato in buona qualità, questo problema è trascurabile.*

Cause e soluzioni possibili:

i.   Utilizzare le seguenti raccomandazioni nel software di affettatura:
1) Ridurre la velocità di stampa, in particolare la velocità specifica di stampa del riempimento (se possibile)
2) Controllare tutti i passi del capitolo 9.1 ("Under-Extrusion")
3) Aumentare la densità di riempimento (al 20 - 30%)
4) Aumentare in particolare lo spessore dello strato di riempimento (se possibile)
5) Provare un modello di riempimento alternativo

11.2 Il riempimento dell'oggetto è visibile dall'esterno

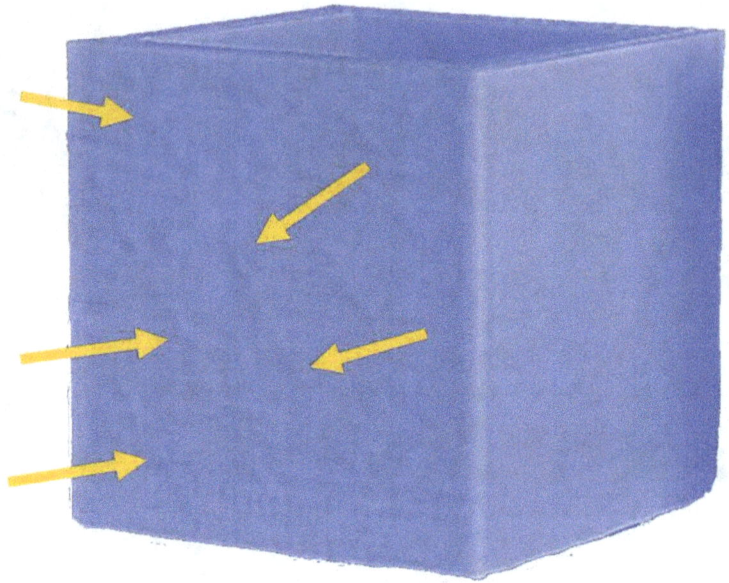

Figura 54: A un esame più attento si nota la struttura di riempimento (area frontale)

Descrizione:

Il riempimento dell'oggetto stampato è visibile dall'esterno.

Informazioni di base: *Un numero adeguato di pareti esterne aumenterà il tempo di stampa, ma dovrebbe risolvere il problema in modo soddisfacente.*

Cause e soluzioni possibili:

i.   Utilizzare le seguenti raccomandazioni nel software di affettatura:
1) Aumentare il numero di pareti esterne (2-3 sono già ottimali; corrisponde a 0,8 - 1,2 mm di spessore della parete con un ugello da 0,4 mm e larghezza della linea)
2) La funzione: "Print Outer Walls before Inner Walls" può anche aiutare

12 Problemi con la struttura di supporto

12.1 La struttura di supporto non può essere rimossa

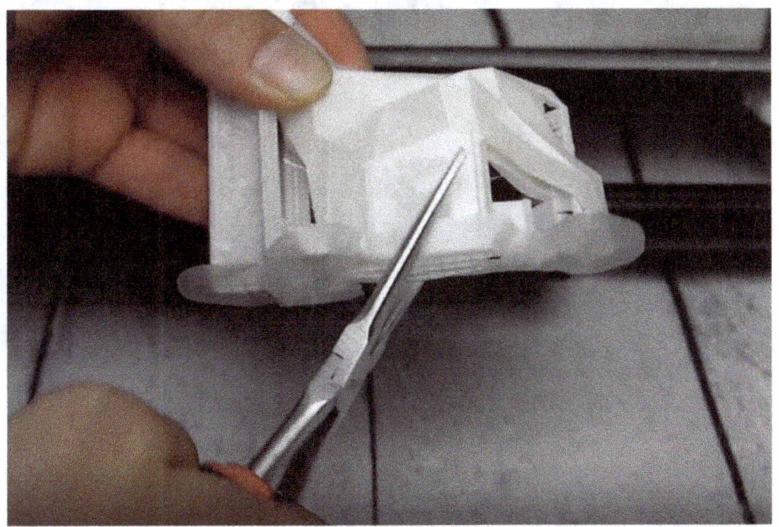

Figura 55: La struttura di supporto può essere rimossa solo con una forza elevata

Descrizione:

La struttura di supporto può essere rimossa solo con una forza considerevole o l'oggetto viene danneggiato dalla rimozione.

Informazioni di base: *Generalmente si cerca di utilizzare il meno possibile la struttura di supporto possibile. In genere è possibile stampare sporgenze fino a 60° (o 45°) senza strutture di supporto. Un posizionamento ben scelto dell'oggetto sul letto di stampa crea un ulteriore potenziale di risparmio (le rotazioni sono spesso utili).*

Cause e soluzioni possibili:

i.   Utilizzare le seguenti raccomandazioni nel software di affettatura:
1) Ridurre la densità della struttura di supporto (ad es. al 10 - 15%)
2) Aumentare la distanza della struttura di supporto dal modello (sia distanze x, y e z; sono consigliati valori nell'intervallo 0,1 - 1 mm)
3) Utilizzare un modello diverso per la struttura di supporto

12.2 Scarsa qualità nel settore delle strutture di supporto

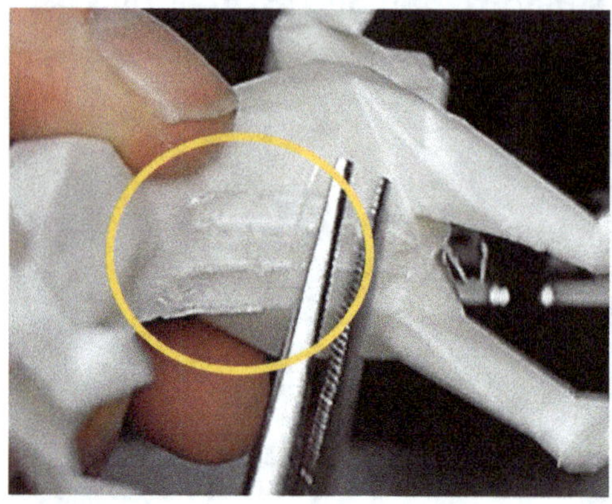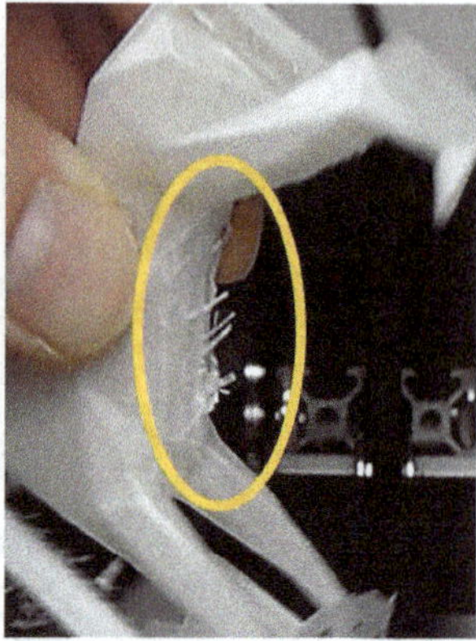

Figura 56: Struttura di supporto ruvida e difficile da rimuovere

Descrizione:

La qualità della superficie dell'oggetto stampato è molto scarsa nell'area delle strutture di supporto

Informazioni di base: *Nelle aree della struttura di supporto, questo problema non può di solito essere completamente eliminato. Se si dispone di un estrusore doppio ("Dual-Extruder"; cioè una stampante 3D con due ugelli) si può utilizzare un materiale solubile in acqua (p.es. PVA) per la struttura di supporto e rimuoverlo dopo il processo di stampa con un processo di lavaggio. Le superfici di un tale processo sono di solito di qualità molto più elevata.*

Cause e soluzioni possibili:

i.   Utilizzare le seguenti raccomandazioni nel software di affettatura:
   1) Ridurre lo spessore generale dello strato di stampa (uno spessore dello strato di 0,1 mm di solito produce superfici generalmente di altissima qualità)
   2) Aumentare la densità della struttura di supporto (ad es. al 20 - 40%)
   3) Aumentare o diminuire la distanza della struttura di supporto dal modello (entrambe le distanze x, y e z; sono consigliati valori nell'intervallo 0,1 - 1 mm)

12.3 Le sporgenze non sono supportate / la struttura di supporto è di qualità molto scarsa

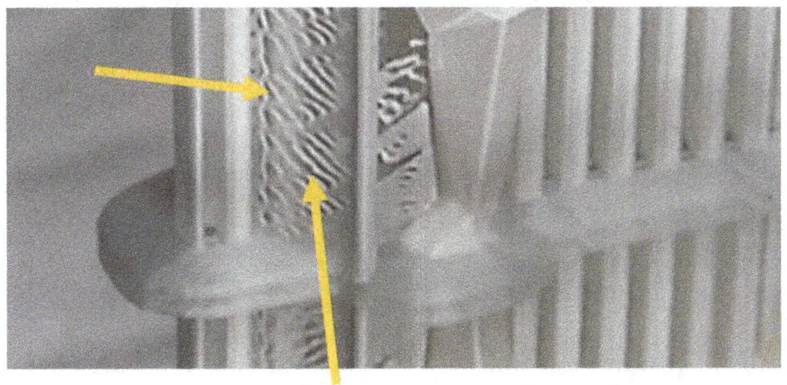

Figura 57: La struttura di supporto è stampata in una qualità molto scadente (sinistra)

Descrizione:

La struttura di supporto cade già durante il processo di stampa o non supporta sufficientemente gli sporgenze.

Informazioni di base: *Problema opposto al capitolo 12.1.*

Cause e soluzioni possibili:

i.   Utilizzare le seguenti raccomandazioni nel software di affettatura:
1) Aumentare la densità della struttura di supporto (ad es. al 20 - 30%)
2) Ridurre la distanza della struttura di supporto al modello (sia distanze x, y e z)
3) Utilizzare un modello diverso per la struttura di supporto
4) Utilizzare il tipo di aderenza della piattaforma di stampa: "Brim" per migliorare il contatto della struttura di supporto con la piattaforma
5) Utilizzare la funzione: "Connect support structure" per rafforzare i singoli elementi strutturali
6) Ridurre la velocità di stampa della struttura di supporto
7) Se gli sporgenze non sono supportati, controllare le impostazioni per l'angolo da cui sono supportate le sporgenze. Ridurlo a circa 45°. Se possibile, impostare anche manualmente altre strutture di supporto - se possibile nel software di affettatura
8) Utilizzare le funzioni speciali "Pillar" o "Support Roof / Floor"

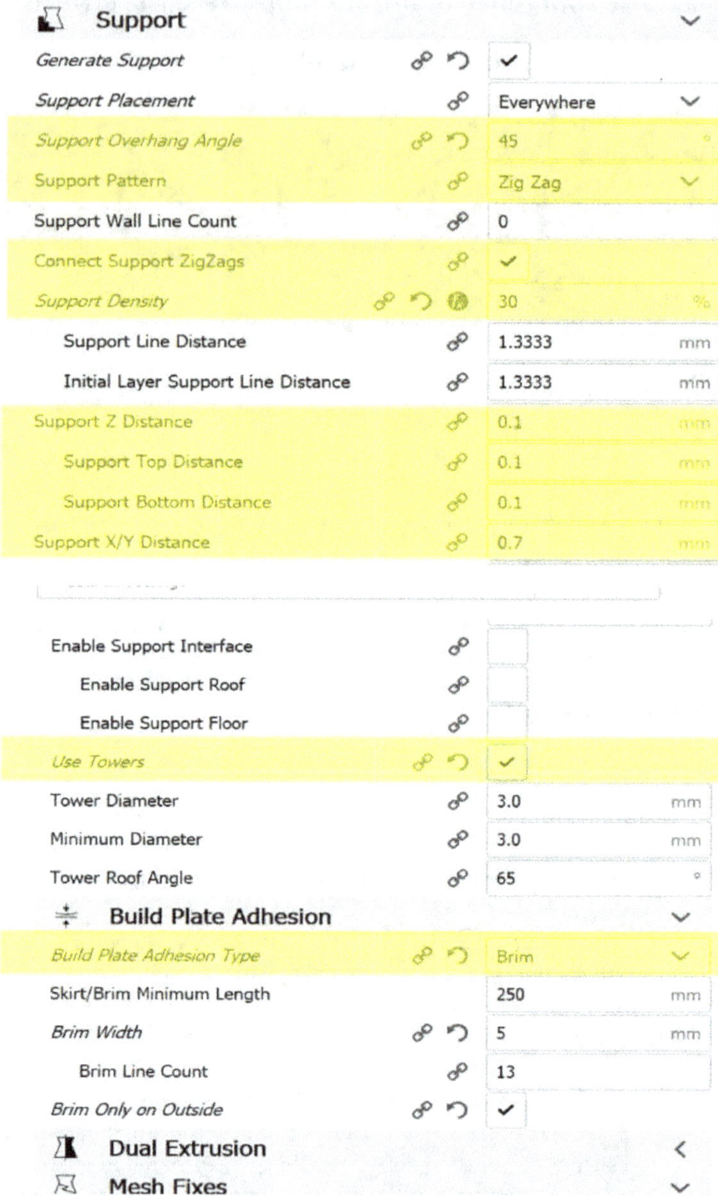

Figura 58: Impostazioni specifiche per la struttura di supporto

13 La Quintessenza - Stampa 3D di alta qualità

Quali impostazioni hanno in genere la maggiore influenza sulla qualità di stampa? Se state cercando di portare la vostra stampante 3D al massimo delle prestazioni di qualità, dovreste esaminare in dettaglio le seguenti impostazioni e fare alcuni test con diversi parametri:

Spessore dello strato:

Lo spessore dello strato è probabilmente uno dei parametri più decisivi quando si tratta della qualità di stampa delle pareti laterali di un oggetto. Se il tempo di stampa non è troppo lungo, è meglio stampare con 0,1 mm. Una punta interna dice anche che con un ugello da 0,4 mm si dovrebbe selezionare lo spessore dello strato in passi da 0,04 mm. Cioè 0,12 mm, 0,16 mm 0,20 mm. Naturalmente, il tempo di stampa può aumentare notevolmente con uno spessore dello strato inferiore, che può essere un criterio "no-go" per uno spessore dello strato di 0,1 mm per oggetti più grandi.

Velocità di stampa:

La velocità generale di stampa, così come le velocità specifiche per le pareti esterne, le pareti interne, il riempimento e il movimento della testina di stampa possono avere un enorme impatto sulla qualità. La velocità di stampa consigliata varia da 60-100 mm/s per la velocità generale e 30-50 mm/s per le pareti e i primi strati. Assicurarsi inoltre che i rispettivi parametri non differiscano troppo.

Numero di pareti esterne:

Se possibile, utilizzare almeno due pareti esterne, preferibilmente anche tre o più. Da un lato, questo impedisce che la struttura di supporto interna si mostri verso l'esterno e, dall'altro, diverse pareti esterne nascondono meglio le irregolarità.

Impostazioni per la cucitura z:

La "z-seam" è la linea verticale che risulta dai punti di partenza dell'ugello di stampa nei singoli strati. Posizionare questa cucitura in un punto poco visibile della stampa (ad esempio nella zona posteriore o in una curva) specificando la posizione (coordinate x-y) nelle impostazioni di affettatura. Inoltre, è possibile utilizzare l'impostazione "Hide z-seam" (Software di affettatura: Cura). Se non si avvia la cucitura a z in un'identica posizione x-y, ma si seleziona il punto di partenza "random", non si vedrà una cucitura a z definita nell'oggetto stampato, ma molto probabilmente i cosiddetti "Blobs" o "Zits". Ciononostante, dovreste decidere voi stessi - attraverso alcune serie di test - quale impostazione vi darà un migliore risultato di stampa.

Temperatura di stampa adeguata:

Una temperatura di stampa adeguata è talvolta l'aspetto più importante della stampa 3D. Va da sé che una temperatura di stampa troppo bassa o troppo alta rovina le migliori impostazioni di affettatura. Ci sono due modi efficaci: 1) seguire le specifiche di temperatura del produttore del filamento (ma di solito si tratta di un solo intervallo di temperatura) e 2) stampare una cosiddetta "Temperature Tower", che si può scaricare da thingiverse.com. Nei "gcodes" di questi file si specifica che la temperatura dell'ugello viene aumentata o diminuita con il progredire della stampa. Così, in un lavoro di stampa vengono create aree con temperature di stampa diverse e possono essere confrontate 1:1. Poi basta scegliere la temperatura migliore dopo una valutazione della qualità.

Funzione di lisciatura ("Activate Ironing"):

La funzione di lisciatura (in Cura) offre un'ottima possibilità di affinare la superficie di un oggetto stampato. Questa caratteristica permette di creare superfici di altissima qualità altrimenti difficili da creare nella stampa 3D FDM.

Consigli finali:

Se volete provare l'effetto dei numerosi parametri del vostro software di affettatura, si consiglia di utilizzare la funzione "Impostazione per oggetto" (in Cura) della barra dei menu (lato sinistro). Con questa funzione è possibile effettuare un'impostazione diversa per ogni oggetto e quindi stampare più volte un oggetto con impostazioni diverse in un unico lavoro di stampa. In questo modo è possibile confrontare molto bene le singole impostazioni. Quando avrete finalmente trovato il profilo dei vostri sogni di stampa 3D, non dimenticate di salvare queste impostazioni e di fare una copia di backup del profilo. Per coloro che sono ancora alla ricerca, c'è un profilo di stampa 3D nell'appendice di questo libro, che dovrebbe già fornire stampe di alta qualità (usare con la stampante 3D CR-10).

Grazie mille per aver acquistato questo libro! Se vi è piaciuto e l'avete trovato utile, sarebbe molto utile per me - e per altri contemporanei - se voleste scrivere una breve recensione di questo libro. Grazie per il vostro sostegno!

14 Materiale bonus: Profilo di affettatura per Cura

Print settings   ✕
Profile   Druckerprofil_CR-10_sunlu_filament   ★ ⌄
search settings   ☰
Skin Overlap   0.02   mm
Infill Wipe Distance   0.1   mm
Infill Layer Thickness   0.12   mm
Gradual Infill Steps   0
Infill Before Walls   ✓
Minimum Infill Area   0   mm²
Infill Support
Skin Removal Width   1.2   mm
    Top Skin Removal Width   1.2   mm
    Bottom Skin Removal Width   1.2   mm
Skin Expand Distance   1.2   mm
    Top Skin Expand Distance   1.2   mm
    Bottom Skin Expand Distance   1.2   mm
Maximum Skin Angle for Expansion   90   °
    Minimum Skin Width for Expansion   0.0   mm

Print settings   ✕
Profile   Druckerprofil_CR-10_sunlu_filament   ★ ⌄
search settings   ☰
|||| Material   ⌄
Default Printing Temperature   210   °C
Printing Temperature   210   °C
Printing Temperature Initial Layer   210   °C
Initial Printing Temperature   210   °C
Final Printing Temperature   210   °C
Default Build Plate Temperature   60   °C
Build Plate Temperature   60   °C
Build Plate Temperature Initial Layer   60   °C
Flow   100   %
Initial Layer Flow   100   %
Enable Retraction   ✓
Retract at Layer Change
Retraction Distance   6   mm
Retraction Speed   40   mm/s

Print settings   ✕
Profile   Druckerprofil_CR-10_sunlu_filament   ★ ⌄
search settings   ☰
Retraction Speed   40   mm/s
    Retraction Retract Speed   40   mm/s
    Retraction Prime Speed   40   mm/s
Retraction Extra Prime Amount   0   mm³
Retraction Minimum Travel   0.8   mm
Maximum Retraction Count   90
Minimum Extrusion Distance Window   6   mm
Nozzle Switch Retraction Distance   16   mm
Nozzle Switch Retraction Speed   20   mm/s
    Nozzle Switch Retract Speed   20   mm/s
    Nozzle Switch Prime Speed   20   mm/s
⏱ Speed   ⌄
Print Speed   100   mm/s
    Infill Speed   100   mm/s
    Wall Speed   50.0   mm/s

Print settings   ✕
Profile   Druckerprofil_CR-10_sunlu_filament   ★ ⌄
search settings   ☰
    Wall Speed   50.0   mm/s
        Outer Wall Speed   50.0   mm/s
        Inner Wall Speed   100.0   mm/s
    Top/Bottom Speed   50.0   mm/s
Travel Speed   110   mm/s
Initial Layer Speed   50.0   mm/s
    Initial Layer Print Speed   50.0   mm/s
    Initial Layer Travel Speed   55.0   mm/s
Skirt/Brim Speed   50.0   mm/s
Maximum Z Speed   0   mm/s
Number of Slower Layers   2
Equalize Filament Flow
Enable Acceleration Control   ✓
Print Acceleration   500   mm/s²
    Infill Acceleration   500   mm/s²

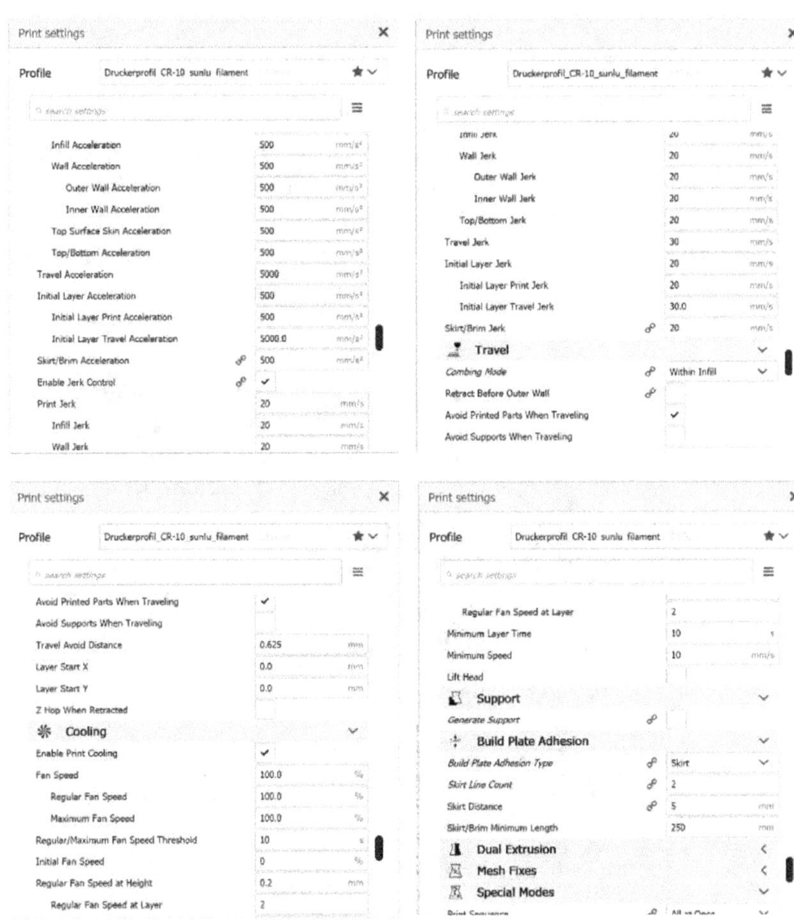
Print settings
Profile   Druckerprofil_CR-10_sunlu_filament
Infill Acceleration   500   mm/s²
Wall Acceleration   500   mm/s²
Outer Wall Acceleration   500   mm/s²
Inner Wall Acceleration   500   mm/s²
Top Surface Skin Acceleration   500   mm/s²
Top/Bottom Acceleration   500   mm/s²
Travel Acceleration   5000   mm/s²
Initial Layer Acceleration   500   mm/s²
Initial Layer Print Acceleration 500   mm/s²
Initial Layer Travel Acceleration 5000.0 mm/s²
Skirt/Brim Acceleration   500   mm/s²
Enable Jerk Control   ✓
Print Jerk   20   mm/s
Infill Jerk   20   mm/s
Wall Jerk   20   mm/s
Print settings
Profile   Druckerprofil_CR-10_sunlu_filament
Infill Jerk   20   mm/s
Wall Jerk   20   mm/s
Outer Wall Jerk   20   mm/s
Inner Wall Jerk   20   mm/s
Top/Bottom Jerk   20   mm/s
Travel Jerk   30   mm/s
Initial Layer Jerk   20   mm/s
Initial Layer Print Jerk   20   mm/s
Initial Layer Travel Jerk   30.0   mm/s
Skirt/Brim Jerk   20   mm/s
Travel
Combing Mode   Within Infill
Retract Before Outer Wall
Avoid Printed Parts When Traveling   ✓
Avoid Supports When Traveling
Print settings
Profile   Druckerprofil_CR-10_sunlu_filament
Avoid Printed Parts When Traveling   ✓
Avoid Supports When Traveling
Travel Avoid Distance   0.625 mm
Layer Start X   0.0   mm
Layer Start Y   0.0   mm
Z Hop When Retracted
Cooling
Enable Print Cooling   ✓
Fan Speed   100.0 %
Regular Fan Speed   100.0 %
Maximum Fan Speed   100.0 %
Regular/Maximum Fan Speed Threshold   10   s
Initial Fan Speed   0   %
Regular Fan Speed at Height   0.2   mm
Regular Fan Speed at Layer   2
Print settings
Profile   Druckerprofil_CR-10_sunlu_filament
Regular Fan Speed at Layer   2
Minimum Layer Time   10   s
Minimum Speed   10   mm/s
Lift Head
Support
Generate Support
Build Plate Adhesion
Build Plate Adhesion Type   Skirt
Skirt Line Count   2
Skirt Distance   5   mm
Skirt/Brim Minimum Length   250   mm
Dual Extrusion
Mesh Fixes
Special Modes
Print Sequence   All at Once

Libri su argomenti che potrebbero piacerti anche

Tutti i libri sono disponibili online sulle solite piattaforme di vendita. È meglio cercare semplicemente il titolo o sentirsi liberi di visitare la mia pagina dell'autore. Alcuni dei libri potrebbero non essere ancora stati pubblicati e appariranno o si troveranno presto. Dai un'occhiata ai libri di tua scelta e portali a casa come e-book o paperback!

Stampa 3D:

CAD, FEM, CAM:

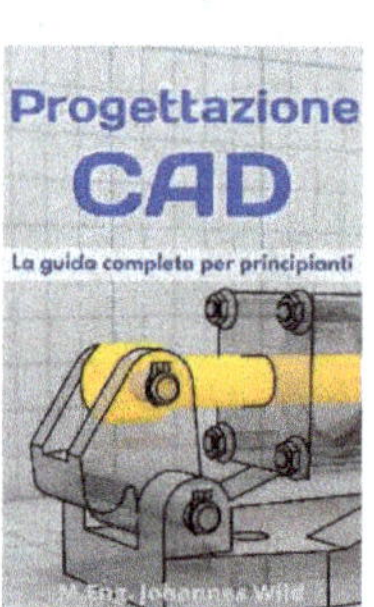

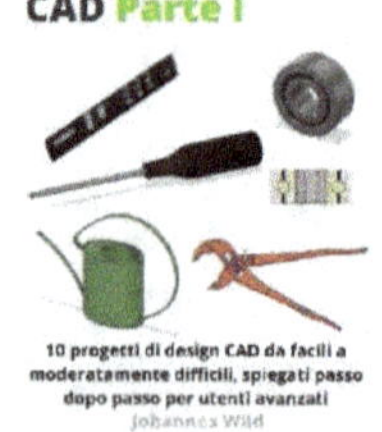

Elettrotecnica:

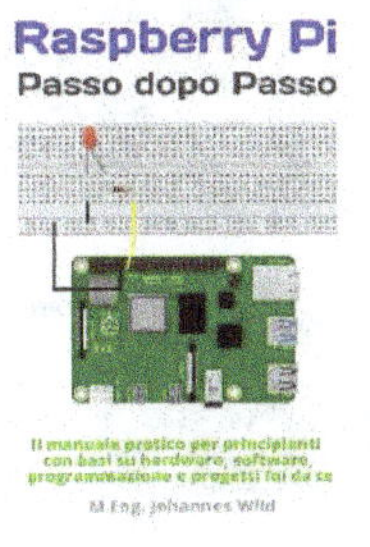

Programmazione e altri software:

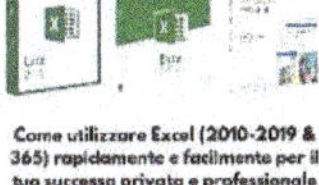

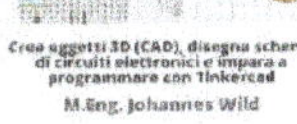

Ci sono anche video corsi identici per alcuni di questi libri:

...

Per l'acquisto puoi scegliere tra la piattaforma di apprendimento "Udemy":

Cerca il mio nome su www.udemy.com:

M.Eng. Johannes Wild o usa il seguente link:

www.udemy.com/courses/search/?src=ukw&q=m.eng.+johannes+wild

Iscriviti oggi e approfondisci le tue conoscenze!

Impronta dell'autore/editore

© 2023

Johannes Wild
c/o RA Matutis
Berliner Straße 57
14467 Potsdam
Germany

E-mail: 3dtech@gmx.de

Questo lavoro è protetto da copyright

L'opera, comprese le sue parti, è protetta da copyright. Qualsiasi uso al di fuori degli stretti limiti della legge sul copyright non è permesso senza il consenso dell'autore. Questo si applica in particolare alla riproduzione elettronica o di altro tipo, alla traduzione, alla distribuzione e alla messa a disposizione del pubblico. Nessuna parte del lavoro può essere riprodotta, elaborata o distribuita senza il permesso scritto dell'autore!

Tutte le informazioni contenute in questo libro sono state compilate al meglio delle nostre conoscenze e controllate attentamente. Tuttavia, questo libro è solo a scopo educativo e non costituisce una raccomandazione di azione. In particolare, nessuna garanzia o responsabilità viene data dall'autore e dall'editore per l'uso o il non uso di qualsiasi informazione in questo libro. I marchi e i nomi comuni citati in questo libro rimangono di proprietà esclusiva dei rispettivi autori o titolari dei diritti.

www.ingramcontent.com/pod-product-compliance
Lightning Source LLC
LaVergne TN
LVHW021322200726
843509LV00002B/92